W0260472

Strömungsmechanik des laminaren Mischens

Olaf Wünsch

Strömungsmechanik des laminaren Mischens

Priv.-Doz. Dr.-Ing. Olaf Wünsch
Sonnentauweg 21
D-21502 Geesthacht
olaf.wuensch@web.de

ISBN-13:978-3-642-63994-4 Springer-Verlag Berlin Heidelberg New York

Die Deutsche Bibliothek CIP-Einheitsaufnahme

Wünsch, Olaf:
Strömungsmechanik des laminaren Mischens / Olaf Wünsch. - Berlin ;
Heidelberg ; New York ; Barcelona ; Hongkong ; London ; Mailand ;
Paris ; Singapur ; Tokio : Springer, 2001
  ISBN-13:978-3-642-63994-4   e-ISBN-13:978-3-642-59486-1
  DOI:10.1007/978-3-642-59486-1

Springer-Verlag Berlin Heidelberg New York
ein Unternehmen der BertelsmannSpringer Science+Business Media GmbH
http://www.springer.de

Satz: Satzerstellung durch den Autor
Einband: MEDIO, Berlin
Gedruckt auf säurefreiem Papier   SPIN: 10794376   68/3020 wei – 5 4 3 2 1 0

Vorwort

Das Mischen fluider Medien, insbesondere auch hochviskoser Flüssigkeiten gehört zu den Grundoperationen in vielen Bereichen des Ingenieurwesens. Entsprechend unterschiedlich ist der Zugang, mit dem Mischvorgänge in der Praxis analysiert werden. Oft geschieht dies nur auf der Basis des jeweiligen Mischproblems und dann lediglich auf experimentellem Weg, ohne sich auf eine generelle Vorgehensweise zu stützen. Das hier vorliegende Buch soll einen Beitrag zur theoretischen Beschreibung und numerischen Simulation komplexer laminarer Mischvorgänge leisten. Gerade der Einsatz numerischer Berechnungsmethoden bietet dabei eine hervorragende Möglichkeit, Mischprozesse im Detail zu studieren.

Das Buch wendet sich gleichermaßen an Studenten der Ingenieur- und Naturwissenschaften nach dem Vordiplom sowie an Wissenschaftler und Ingenieure in Forschung und Entwicklung. Es behandelt die theoretischen Grundlagen zur Analyse der strömungsmechanischen Gesichtspunkte des laminaren Mischens. Die Mechanismen, die das laminare Mischen bewirken, werden erläutert. Die Anwendung mathematischer Hilfsmittel aus der Systemdynamik und der Chaostheorie erlaubt ein tiefergehendes Verständnis praxisrelevanter Mischvorgänge. Hierbei spielen verschiedene Fachgebiete wie die Mathematik, die Naturwissenschaft und das Ingenieurwesen eng zusammen, was den interdisziplinären Charakter der hier behandelten Thematik unterstreicht. Mit Hilfe eines theoretisch begründeten Mischgütemaßes gelingt es, Simulationen unterschiedlicher Mischapparate in bezug auf das Mischverhalten zu bewerten und miteinander zu vergleichen. Die vorgestellten Methoden werden auf Apparate der Verfahrenstechnik angewandt, wobei stets die Praxisrelevanz im Vordergrund steht.

Dieses Buch basiert auf der Schrift *Strömungsmechanik des laminaren Mischens*, die im November 1999 zur Habilitation an der Universität der Bundeswehr Hamburg für das Fachgebiet Strömungsmechanik führte. An dieser Stelle möchte ich mich bei meinen akademischen Lehrern bedanken, insbesondere bei Herrn Prof. Dr. G. Böhme, der mir den zur Forschung notwendigen Freiraum zur Verfügung stellte und mich stets bei meinem Vorhaben unterstützte. Weiterhin gilt mein Dank den Herren Professoren Dr. H. Buggisch und Dr.-Ing. A. Delgado, die als Gutachter am Habilitationsverfahren mitwirkten. Bei den Mitarbeitern und Studenten am Institut für Strömungslehre und Strömungsmaschinen bedanke ich mich für das Interesse und die Unterstützung bei der Erstellung dieser Arbeit, sowie für das stets angenehme Arbeitsklima. Namentlich möchte ich die Herren Dr.-Ing. J. Broszeit und Dr.-Ing. L. Rubart herausheben, die durch die Entwicklung diverser numerischer Verfahren eine wichtige Grundlage für meine Arbeit leisteten. Schließlich sei hier noch Herr Dr.-Ing. M. Stenger genannt, der mit Interesse den Fortgang der Arbeit beobachtete und insbesondere in der Endphase mit wertvollen Anregungen zum Gelingen beitrug. Dem Springer-Verlag danke ich für die angenehme Zusammenarbeit.

Geesthacht, im Dezember 2000   *Olaf Wünsch*

Inhaltsverzeichnis

Verzeichnis der wichtigsten Symbole

Symbol	Bedeutung	Einheit[1]
$\mathbf{a}$	Beschleunigung	$\mathrm{m\,s^{-2}}$
$\mathbf{A}$	Tensor	–
A	Fläche	$\mathrm{m^2}$
c	Partikelkonzentration	–
$\bar{c}$	mittlere Partikelkonzentration	–
$\mathbf{C}$	Rechts-Cauchy-Green-Tensor	–
d	Durchmesser	m
$\mathbf{D}$	Verzerrungsgeschwindigkeitstensor	$\mathrm{s^{-1}}$
$\mathbf{F}$	Deformationsgradiententensor	–
$\dot{\mathbf{F}}$	Materielle Zeitableitung von $\mathbf{F}$	$\mathrm{s^{-1}}$
F	äußere Verweilzeitverteilungsfunktion	–
$\mathbf{f}$	Volumenkraftdichte	$\mathrm{kg\,m^{-2}s^{-2}}$
G	innerer Verweilzeitverteilungsfunktion	–
h	Gangsteigung	m
H	Hamiltonsche Funktion	–
$\mathbf{L}$	Geschwindigkeitsgradiententensor	$\mathrm{s^{-1}}$
L	Länge	m
$\mathbf{n}$	Normalenvektor	–
n	Drehzahl	$\mathrm{s^{-1}}$
P	Dissipationsleistung	$\mathrm{kg\,m^2s^{-3}}$
$\mathbf{p}$	verallgemeinerte Koordinate	–
p	Druck	$\mathrm{kg\,m^{-1}s^{-2}}$
$\mathbf{q}$	verallgemeinerter Impuls	–
r,φ,z	Zylinderkoordinaten	$\mathrm{m, -, m}$
$\mathbf{r}$	Ortsvektor	m
$\mathbf{T}$	Reibungsspannungstensor	$\mathrm{kg\,m^{-1}s^{-2}}$
t	Zeit	s
$\bar{t}$	mittlere Verweilzeit	s
$\mathbf{t}$	Spannungsvektor	$\mathrm{kg\,m^{-1}s^{-2}}$

---

[1] Die physikalischen Einheiten werden mit den SI-Basisgrößen Länge (m), Zeit (s) und Masse (kg) gebildet.

u, v, w	kartesische Geschwindigkeits-komponenten	$\mathrm{m\,s^{-1}, m\,s^{-1}, m\,s^{-1}}$
V	Apparatevolumen	$\mathrm{m^3}$
$\dot{V}$	Volumenstrom	$\mathrm{m^3 s^{-1}}$
$\mathbf{v}$	Geschwindigkeitsvektor	$\mathrm{m\,s^{-1}}$
v_r, v_φ, v_z	Geschwindigkeiten in Zylinderkoordinaten	$\mathrm{m\,s^{-1}, m\,s^{-1}, m\,s^{-1}}$
$\mathbf{W}$	Drehgeschwindigkeitstensor	$\mathrm{s^{-1}}$
x, y, z	kartesische Koordinaten	$\mathrm{m, m, m}$
$\bar{x}$	arithmetischer Mittelwert	$-$
Z_S	Gangzahl	$-$
Z_D	Druckverlustziffer	$-$
Z	Schraubenkoordinate	m
$\mathbf{1}$	Einheitsmatrix	$-$
$\dot{\epsilon}$	Dehngeschwindigkeit	$\mathrm{s^{-1}}$
γ	Verzerrung	$-$
$\bar{\gamma}$	mittlere Verzerrung	$-$
$\dot{\gamma}$	Schergeschwindigkeit	$\mathrm{s^{-1}}$
η	dynamische Scherviskosität	$\mathrm{kg\,m^{-1}s^{-1}}$
λ	Eigenwerte einer Matrix	$-$
λ	Zeitkonstante	s
Λ	Deformationsmaß	$-$
κ	Radienverhältnis	$-$
ρ	Fluiddichte	$\mathrm{kg\,m^{-3}}$
σ	Standardabweichung	$-$
θ	dimensionslose Zeit	$-$
ω	Kreisfrequenz	$\mathrm{s^{-1}}$
Ψ	Stromfunktion	$\mathrm{m^2 s^{-1}}$
ζ	Relativkoordinate	m

Kennzahlen

Re	Reynoldszahl	$-$
De	Deborah-Zahl	$-$
K	Druckparameter	$-$
Π	Leistungsparameter	$-$
Q	Durchflußparameter	$-$

1. Einleitung

1.1 Problemstellung

Mischen - dieser Begriff wird in ganz unterschiedlichen Zusammenhängen verwendet. Eine allgemeine Definition findet man z.B. in der Brockhaus-Enzyklopädie [15]. Dort steht unter dem Stichwort Mischen:

- *Stoffverteilungsprozeß, bei dem zwei oder mehrere Stoffe in ein Gemisch mit möglichst vollkommener Gleichverteilung überführt wird.*

Im Bereich des täglichen Leben gibt es viele Beispiele für Mischvorgänge. Bei der Herstellung von Kuchenteig werden die einzelnen Zutaten nicht nur in ihrer Menge dosiert, sondern durch geeignete Maßnahmen und Geräte intensiv vermischt. Nur so ist gewährleistet, daß das Endprodukt von dem Verbraucher angenommen wird. Auch das Unterrühren von Eischnee zur Zubereitung eines Desserts gehört zu den notwendigen Mischvorgängen im Bereich der Lebensmittelherstellung. Denkt man an das Mischen von Farben, ob es sich um die Wasserfarben von Kindern zur Gestaltung von Plakaten oder um das Tönen von Dispersionsfarbe zum Streichen der Wände handelt, in der Regel ist man an einer größtmöglichen Gleichverteilung interessiert.

Aber auch außerhalb der Umgangssprache findet man den Wortstamm Mischen in Zusammenhang mit verschiedenen speziellen Bedeutungen. Unter Mischkalkulation versteht man im Marketing eine preispolitische Verhaltensweise, bei der einzelne Produkte eines Anbieters mit Kalkulationsaufschlägen belegt werden, die durchaus auch kleiner als Eins ausfallen können. Dies geschieht vor allen Dingen, um auf unterschiedliche Marktbedingungen reagieren zu können. Mischfutter wird verwendet, um landwirtschaftliches Nutzvieh dem einzelnen Altersabschnitt der Tiere entsprechend des Bedarfs zu füttern.

Mischvorgänge spielen in der industriellen Praxis, insbesondere in der Chemie oder der Verfahrentechnik eine entscheidende Rolle. So vermengen Chemiker Substanzen miteinander, damit eine vorgesehene Reaktion abläuft; Strömungstechniker mischen Partikel einem Fluid zu, um dessen Strömung sichtbar zu machen; Verfahrenstechniker geben Mineralölen Zusätze bei, um den Widerstand in Pipelines zu verringern. Das Mischen gehört daher zu den Grundoperationen in der Verfahrenstechnik.

Die Prozesse, die einen Mischvorgang kontrollieren, sind vielfältig und meist äußerst komplex. Ein vollständige theoretische Beschreibung des gesamten Vorgangs ist meist nicht möglich. Daher kennzeichnen experimentelle Untersuchungen die allgemeine Praxis bei der Analyse von Mischprozessen in gebräuchlichen Apparaten. Die numerische Simulation von Mischvorgängen, die über akademische Problemstellungen hinausgehen, steckt noch in den Anfängen. Insbesondere fehlt eine von dem Apparat unabhängige quantitative Bewertung des Mischprozesses.

Bei der Komplexität ist es nicht überraschend, daß eine vollständige Theorie alle Aspekte des Mischvorgangs nicht beschreiben kann. Zu verschieden sind die Einflüsse, welche den Prozeß kennzeichnen. So wird schon in der Namensgebung der Mischaufgaben je nach beteiligtem Stoffsystem unterschieden. Tabelle 1.1 gibt einen Überblick.

Tabelle 1.1: Unterscheidung der Mischaufgaben in der Verfahrentechnik (s. auch [66])

Stoffsystem	**Mischaufgabe**
Gas - Gas Gas - Flüssigkeit Gas - Feststoff	Homogenisieren Zerstäuben Fluidisieren
Flüssigkeit - Gas Flüssigkeit - Flüssigkeit (mischbar) Flüssigkeit - Flüssigkeit (unmischbar) Flüssigkeit - Feststoff	Begasen Homogenisieren Emulgieren Suspendieren
Feststoff - Gas Feststoff - Flüssigkeit Feststoff - Feststoff	Pneumatisches Mischen Befeuchten Feststoffmischen

Sie zeigt die Vielfalt, wobei hier nur die Stoffsysteme als Parameter eingehen. Daneben spielt beispielsweise auch die Strömungsführung eine entscheidende Rolle. So laufen beim Mischen unter turbulenten Bedingungen ganz andere Prozesse ab als bei laminarer Strömungsführung.

Unter diesen Gesichtpunkten ist eine Beschränkung auf ein Teilgebiet unumgänglich. In diesem Buch geht es um das Mischen hochviskoser fluider Medien, so daß die Trägheit des Fluids gegenüber den Reibungseigenschaften vernachlässigt werden kann. Man spricht in diesem Zusammenhang vom *laminaren Mischen* im Gegensatz zu turbulenten Mischvorgängen, die hier nicht weiter behandelt werden.

Weiterhin wird davon ausgegangen, daß die Brownsche Molekularbewegung zum Vermischen der Flüssigkeiten keine Rolle spielt. Dies schränkt den Gültigkeitsbereich der theoretischen Ausführungen praktisch nicht ein, da die binären Diffusionskoeffizienten von Flüssigkeiten um ca. vier Zehnerpotenzen kleiner sind als diejenigen von Gasen. Dauert ein diffusiver Ausgleichsprozeß eines anfänglich inhomogenen Gasgemisch in einem Behälter mit Laborabmessungen ca. eine Stunde, so dauert dies bei zähen Flüssigkeiten etwa ein Jahr. Gegenüber dieser Zeitskala laufen Mischprozesse in der verfahrenstechnischen Industrie in Minuten oder Stunden ab, also in vergleichsweise kurzen Zeiten.

1.2 Ziele und Gliederung

Das Ziel dieser Arbeit ist die theoretische Analyse der strömungsmechanischen Gesichtspunkte des laminaren Mischens, die Anwendung mathematischer Hilfsmittel aus der Systemdynamik zur Untersuchung von praxisrelevanten Mischvorgängen und die Entwicklung eines theoretisch begründeten Mischgütemaßes, das es erlaubt, Simulationen unterschiedlicher Apparatetypen in Bezug auf das Mischverhalten zu bewerten und miteinander zu vergleichen.

Zunächst werden in Kap. 2 die theoretischen Grundlagen zur Beschreibung eines laminaren Mischvorgangs erläutert. Sie beschränken sich auf die kinematischen Grundbegriffe sowie auf die erforderlichen Gleichungen zur Berechnung von laminaren Strömungen. Da Mischapparate i. allg. geometrisch äußerst komplex gestaltet sind, ist man schon zur Simulation der Strömung auf numerische Hilfsmittel angewiesen. Diejenigen Methoden, die im Verlauf dieser Arbeit genutzt werden, werden kurz beschrieben.

Um einen Mischprozeß charakterisieren zu können, muß man die Mechanismen erkennen, die auf einen laminaren Mischvorgang einwirken. Zudem ist es notwendig, zu seiner Bewertung den Begriff des Mischzustands einzuführen. Dies geschieht in Kap. 3 zusammen mit einem Überblick über die in der Literatur gebräuchlichen Methoden zur Ermittlung einer Mischgüte.

Unter Verwendung des i. allg. numerisch berechneten Strömungsfeldes in einem Mischapparat kann der Mischprozeß als ein dynamisches, konservatives System interpretiert werden und die Analyse des Mischvorgangs mit Hilfsmitteln der Systemdynamik erfolgen. In Kap. 4 wird eine kurze Einführung in die Theorie dynamischer Systeme gegeben und es werden einige qualitative und quantitative Methoden zur Untersuchung des Langzeitverhaltens solcher Systeme vorgestellt. Auf Vollständigkeit wird dabei verzichtet, es stehen vielmehr geometrische Darstellungen im Vordergrund, da sie gerade im strömungsmechanischen Sinne sehr zur Veranschaulichung beitragen. An dieser Stelle ist es notwendig, auch den Begriff des deterministischen Chaos einzuführen. Man wird erkennen, daß chaotisches Systemverhalten einen großen Einfluß auf den Mischvorgang hat.

Aus der Erkenntnis der beim laminaren Mischen wirkenden Mechanismen heraus läßt sich ein Mischgütemaß definieren, das aus den Deformationen fluider Volumenelemente gebildet wird. Das Kap. 5 ist diesem Gütemaß gewidmet. Es ermöglicht die Bewertung des Mischvorgangs anhand einer Verteilungsfunktion und so einerseits den Vergleich mit idealisierten Mischprozessen, andererseits auch den Vergleich mit anderen Mischern. Für analytisch zugängliche ideale Strömungssituationen sind diese Verteilungsfunktionen der Deformationen angegeben.

Im Kap. 6 werden die bereitgestellten Methoden zur Analyse der Mischprozesse und die Bewertung anhand des Deformationsmaßes auf ausgewählte Apparate der Verfahrentechnik angewandt. Dies sind durchgängig in der Praxis gebräuchliche Mischer, wobei schon die Ermittlung des jeweiligen Stromfelds eine nichttriviale Angelegenheit ist. Bei der Mehrzahl der untersuchten Fälle handelt es sich bei den zu mischenden Medien um newtonsche Flüssigkeiten, aber auch der Einfluß von nichtnewtonschen Stoffeigenschaften wird diskutiert.

2. Theoretische Grundlagen und Präliminarien

Interessiert man sich für das Mischen von Flüssigkeiten in Apparaten, so muß man sich zunächst einen Einblick in die Strömungsverhältnisse verschaffen. Dies erfolgt auf der Basis der Kontinuumsmechanik fluider Medien, d.h. die im Experiment beobachteten Phänomene werden makroskopisch beschrieben, ohne auf den atomaren Aufbau der Materie einzugehen. Dies ist zulässig, solange die charakteristischen Abmessungen in einer Strömung hinreichend groß sind gegenüber den atomaren bzw. molekularen Längenmaßstäben.[1]

Zunächst sollen an dieser Stelle einige kinematischen Grundbegriffe eingeführt und erläutert werden, die im Verlauf der Arbeit benötigt werden. Dabei wird die symbolische Schreibweise für Vektoren und Tensoren (Fettschrift) bevorzugt verwendet, da so der allgemeine, vom Koordinatensystem unabhängige Charakter der Gleichungen deutlicher wird.

2.1 Kinematik

Das Kontinuum setzt sich aus materiellen Punkten zusammen. Diese kann man sich als sehr kleine, aber endliche Volumina innerhalb des strömenden Fluids vorstellen, z.B. [10, 5]. Sie ändern ihre Position im Raum entsprechend der Bewegung des Fluids mit der Zeit. Der Raum wird dabei i. allg. durch drei Koordinaten in einem Bezugsystem beschrieben. Neben dem kartesischen Koordinatensystem wählt man bei gewissen Anwendungen auch Zylinder- oder Kugelkoordinaten. Der Zustand eines materiellen Punktes im Fluidraum zu einem bestimmten Zeitpunkt wird u.a. durch Geschwindigkeit, Beschleunigung, Druck, Temperatur und Spannungen charakterisiert. Für die Beschreibung der Lage und der Bewegung eines solchen materiellen Punktes führt man den Ortsvektor

$$\mathbf{r} = \mathbf{r}(\mathbf{r}_0, t) \tag{2.1}$$

als Funktion der Zeit t und einer Referenzlage $\mathbf{r}_0$ ein. Die Anfangslage zum Zeitpunkt t_0 ist durch

---

[1] Selbst in Mikro-Bauteilen, in denen die geometrischen Abmessungen im Bereich von 10^{-3} m liegen, ist dies erfüllt, da der mittlere Abstand von z.B. Wassermolekülen bei $20°$ C etwa $3 \cdot 10^{-10}$ m beträgt.

$$\mathbf{r}(\mathbf{r}_0, t_0) = \mathbf{r}_0 \tag{2.2}$$

festgelegt. Damit beschreibt die Gl. (2.1) im Zusammenhang mit den Anfangsbedingungen (2.2) die Bewegung aller Punkte, die zur Zeit t_0 den mit Fluid erfüllten Raum bilden. Die Fluidbewegung wird also von einem materiellen (*Lagrangeschen*) Standpunkt aus betrachtet, da so das Schicksal einzelner Fluidteilchen in der Strömung verfolgt werden kann. Diese Betrachtungsweise ist gerade für die Analyse von Mischvorgängen fluider Materialien unverzichtbar, wie man später sehen wird.

Üblicherweise verwendet man in der Strömungsmechanik ein ortsfestes Koordinatensystem. Der zeitliche Verlauf des Strömungszustandes wird dann an festen Orten registriert (*Eulersche* Betrachtungsweise). Die kinematische Zustandsgröße stellt hierbei der Geschwindigkeitsvektor

$$\mathbf{v} = \mathbf{v}(\mathbf{r}, t)$$

dar. Durch eine solche ortsfeste Beschreibung lassen sich einzelne Fluidteilchen dann nicht mehr voneinander unterscheiden. Messungen physikalischer Größen der Strömungen werden in der Regel an einem festen Ort, entsprechend der Eulerschen Betrachtungsweise durchgeführt.

Zur Diskussion der Dynamik einer Strömung sind die Begriffe der Bahnlinie, Stromlinie und Streichlinie wichtig. Zu festen Zeiten ($t = konst.$) ordnet das Geschwindigkeitsfeld jedem Ort in der Strömung eine Richtung zu.[2] Die Integralkurven an dieses Richtungsfeld werden als Stromlinien bezeichnet, d.h. die Tangentenrichtung der Stromlinien stimmt an jeder Stelle mit der Richtung von $\mathbf{v}$ überein. Mit σ als Kurvenparameter genügen die Stromlinien dem System gewöhnlicher Differentialgleichungen

$$\frac{d\mathbf{r}}{d\sigma} = \mathbf{v}(\mathbf{r}, t), \tag{2.3}$$

bei dem die Zeit t konstant bleibt.

Die Bahn $\mathbf{r}(\mathbf{r}_0, t)$ eines materiellen Punktes, welches sich zur Zeit t_0 an dem Ort $\mathbf{r}_0$ befunden hat, erhält man durch Integration des Geschwindigkeitsfeldes

$$\frac{d\mathbf{r}(\mathbf{r}_0, t)}{dt} = \mathbf{v}(\mathbf{r}, t). \tag{2.4}$$

Mit der Anfangbedingung $\mathbf{r} = \mathbf{r}_0$ für den Anfangszeitpunkt $t = t_0$ erhält man wieder die Bewegung in materieller Betrachtungsweise, vergl. Gl. (2.1). Für die Bahnlinien ($t_0 = konst.$) stellt die Zeit t einen Kurvenparameter dar und die Anfangslage $\mathbf{r}_0$ hat die Bedeutung eines Scharparameters.

Eine Streichlinie beschreibt die Kurve aller materieller Punkte zur aktuellen Zeit t, die zu Zeiten $t' < t$ alle den festen Ort $\mathbf{r}_0$ passiert haben. Die Rauchfahne am Himmel, die aus einem Schornstein aufsteigt, ist dafür ein Beispiel. Formal erhält man die Streichlinien, in dem man in Gl. (2.1)

---

[2] Bis auf die Stellen im Stromfeld, an denen gilt: $\mathbf{v} = \mathbf{0}$.

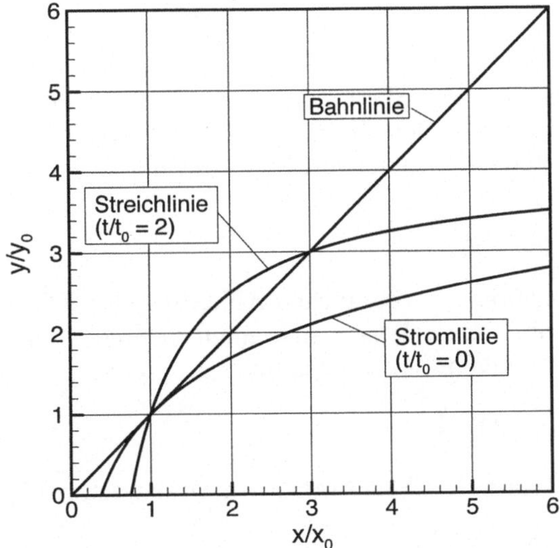

Abb. 2.1: Zur Illustration von Bahn-, Strom- und Streichlinie

die aktuelle Zeit t konstant hält und t' als variablen Parameter auffaßt. Im allgemeinen sind Strom-, Bahn- und Streichlinien in einem Stromfeld ganz unterschiedlich. Deren Visualisierung erlaubt einen ersten Eindruck in das Strömungsgeschehen. Im übrigen fallen bei stationären Strömungen alle drei Kurven aufeinander.

Ein einfaches Beispiel macht diesen Unterschied für das ebene, instationäre Geschwindigkeitsfeld

$$u = \frac{1}{t_0 + t}\, x, \qquad v = v_0$$

mit $t_0, v_0 = konst.$ in Abb. 2.1 deutlich. Sie zeigt die Bahn eines Partikels, daß zur Zeit $t/t_0 = 0$ am Ort $x/x_0 = 1$, $y/y_0 = 1$ war. Die Stromlinie tangiert zu dieser Zeit die Bahnlinie, hat aber einen grundsätzlich anderen Verlauf. Zum Zeitpunkt $t/t_0 = 2$ ergibt sich aus allen Partikeln, die alle den festen Ort $x/x_0 = 1$, $y/y_0 = 1$ passiert haben, die dargestellte Streichlinie. Man erkennt, daß ein einzelnes Partikel zu dieser Zeit zu dem Ort $x/x_0 = 3$, $y/y_0 = 3$ (Schnittpunkt zwischen Bahn- und Streichlinie) gewandert ist.

Später wird die materielle Zeitableitung eines Vektors bzw. eines Tensors benötigt. Diese setzt sich aus der lokalen Zeitableitung und der konvektiven Zeitableitung zusammen. So gilt für die Beschleunigung als materielle Zeitableitung der Geschwindigkeit:

$$\mathbf{a}(\mathbf{r}, t) := \frac{D\mathbf{v}(\mathbf{r}, t)}{Dt} = \underbrace{\frac{\partial \mathbf{v}}{\partial t}}_{lokaler\,Anteil} + \underbrace{\mathbf{Lv}}_{konvektiver\,Anteil} \tag{2.5}$$

Den lokalen Anteil der Beschleunigung registriert ein ortsfester Beobachter, ein mit einem individuellen Fluidpartikel mitbewegter Beobachter sieht daneben noch den konvektiven Anteil. Hier tritt der Geschwindigkeitsgradiententensor

$$\mathbf{L}(\mathbf{r}, t) = \operatorname{grad} \mathbf{v}(\mathbf{r}, t) \tag{2.6}$$

auf, dessen Komponenten die räumlichen Ableitungen des Geschwindigkeitsfeldes darstellen. Der Tensor $\mathbf{L}$ läßt sich einen symmetrischen Anteil, auch Verzerrungsgeschwindigkeitstensor genannt,

$$\mathbf{D}(\mathbf{r}, t) := \frac{1}{2} \left(\mathbf{L} + \mathbf{L}^T \right) \tag{2.7}$$

und in einen schiefsymmetrischen Anteil, den Drehgeschwindigkeitstensor,

$$\mathbf{W}(\mathbf{r}, t) := \frac{1}{2} \left(\mathbf{L} - \mathbf{L}^T \right) \tag{2.8}$$

zerteilen. Die Komponenten der beiden Tensoren $\mathbf{D}$ und $\mathbf{W}$ haben ganz anschauliche Bedeutung und geben einen detaillierten Einblick in die Strömung. Betrachtet man ein quaderförmiges Volumenelement, das momentan parallel zu den Koordinatenachsen ausgerichtet ist, beschreiben die Diagonalelemente von $\mathbf{D}$ die Dehngeschwindigkeiten der Kanten und die Nebendiagonalelemente von $\mathbf{D}$ die Änderungsgeschwindigkeiten der von den Kanten gebildeten Winkel. Aus den Nebendiagonalelementen des Tensors $\mathbf{W}$ läßt sich der Wirbelvektor $\omega := \operatorname{rot} \mathbf{v}$ bilden, der angibt, mit welcher Winkelgeschwindigkeit und um welche Achse sich materielle Fluidelemente drehen. Der symmetrische Tensor $\mathbf{D}$ kann auf Hauptachsenform gebracht werden, so daß nur die Hauptdiagonalelemente von Null verschieden sind. Das bedeutet, daß die aktuelle Änderung der Gestalt eines Fluidelements immer als eine Dehnung in drei zueinander senkrechten Richtungen interpretiert werden kann, der eine Drehung mit der Winkelgeschwindigkeit ω und eine Translationsbewegung überlagert sein können.

Die Diagonalelemente eines Tensors $\mathbf{A}$ in Hauptachsenform heißen Eigenwerte und werden (bei 3×3 Matrizen) mit $\lambda_1, \lambda_2, \lambda_3$ bezeichnet. Man findet sie durch Lösen der Eigenwertaufgabe

$$\mathbf{Aa} = \lambda \mathbf{a}.$$

Die Komponenten des Eigenvektors $\mathbf{a}$ sind nur dann von Null verschieden, wenn die Determinante

$$\det (\mathbf{A} - \lambda \mathbf{1}) = 0$$

verschwindet. Zur Bestimmung der Eigenwerte λ_i ist also die kubische Gleichung

$$-\lambda^3 + I_{\mathbf{A}} \lambda^2 - II_{\mathbf{A}} \lambda + III_{\mathbf{A}} = 0$$

zu lösen. Die Zahlenwerte der Grundinvarianten

$$I_{\mathbf{A}} = \operatorname{sp} \mathbf{A}$$

$$II_{\mathbf{A}} = \frac{1}{2} \left[(\operatorname{sp} \mathbf{A})^2 - \operatorname{sp} \mathbf{A}^2 \right]$$

$$III_{\mathbf{A}} = \det \mathbf{A}$$

des Tensors $\mathbf{A}$ sind unabhängig vom gewählten Koordinatensystem. Während sich die Komponenten von $\mathbf{A}$ bei Wechsel des Bezugssystems ändern, bleiben die Werte der Invarianten unverändert erhalten.

Die erste Invariante des Verzerrungsgeschwindigkeitstensors

$$I_{\mathbf{D}} = \operatorname{sp} \mathbf{D} = \operatorname{div} \mathbf{v}$$

kann somit als Volumendehngeschwindigkeit materieller Fluidelemente gedeutet werden. Hier interessieren jedoch nur Strömungen von Flüssigkeiten, deren Volumina sich quasi nicht in Abhängigkeit von Druck oder Temperatur ändern, d.h. $I_{\mathbf{D}} = \operatorname{div} \mathbf{v} = 0$. Der Tensor $\mathbf{D}$ hat dann nur noch zwei von Null verschiedene Grundinvarianten. Man kann zeigen [34], daß dann die Werte für diese Invarianten nur aus dem Bereich

$$II_{\mathbf{D}} \leq 0$$

$$|III_{\mathbf{D}}| \leq 2 \left(\frac{-II_{\mathbf{D}}}{3} \right)^{3/2}$$

kommen können, vergl. Abb. 2.2. Lediglich die Zustände innerhalb der grauen Gebiets können bei volumenerhaltenden Strömungen auftreten. Das Gebiet wird begrenzt einerseits durch die einachsige Dehnung, andererseits durch die äquibiaxiale Dehnung. Bei ebenen Strömungen gilt zudem sogar, daß $III_{\mathbf{D}}$ exakt verschwindet.

Bisher war von Verzerrungsgeschwindigkeiten, also der zeitlichen Änderung von Verzerrungen die Rede, im späteren Verlauf der Arbeit spielen insbesondere die Verzerrungen selbst von Fluidelementen eine zentrale Rolle. Die Deformation von fluiden Teilchen wird in einem nichttrivialen Strömungsfeld nach Ort und Zeit ganz unterschiedlich ausfallen. Verzerrungsgrößen müssen diesem Umstand Rechnung tragen und daher lokal für jedes Fluidelement zeitabhängig definiert werden (z.B. [7]). Betrachtet man ein Linienelement in der Strömung, so erfährt dies i. allg. durch die Bewegung eine Translation, eine Rotation und eine Dehnung (Streckung oder Stauchung).

Üblicherweise wird zur Beschreibung von Verzerrungen fluider Volumenelemente der Deformationsgradiententensor $\mathbf{F}(\mathbf{r}_0, t)$ eingeführt. Er transformiert ein Linienelement $d\mathbf{r}_0$, das zwei infinitesimal benachbarte materielle Punkte zur Zeit t_0 verbindet, in das Linienelement $d\mathbf{r}$, das diese materiellen Punkte zur späteren Zeit t verbindet, vergl. Abb. 2.3:

$$d\mathbf{r} = \mathbf{F}(\mathbf{r}_0, t) d\mathbf{r}_0. \tag{2.9}$$

Der Tensor $\mathbf{F}$ wird gelegentlich auch als materieller Verformungsgradient

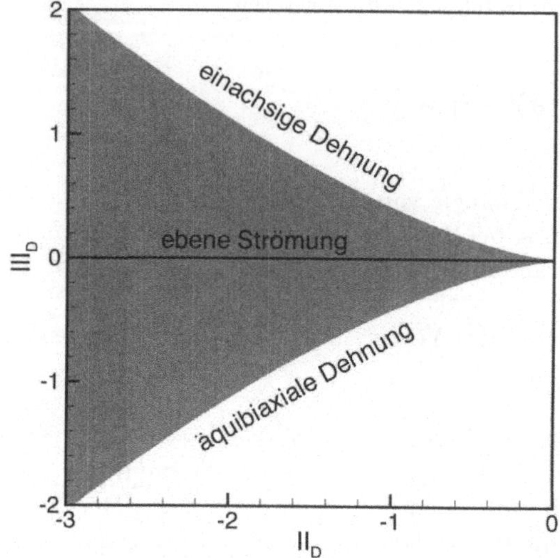

Abb. 2.2: Existenzbereich der Invarianten von **D** bei volumenerhaltenden Strömungen

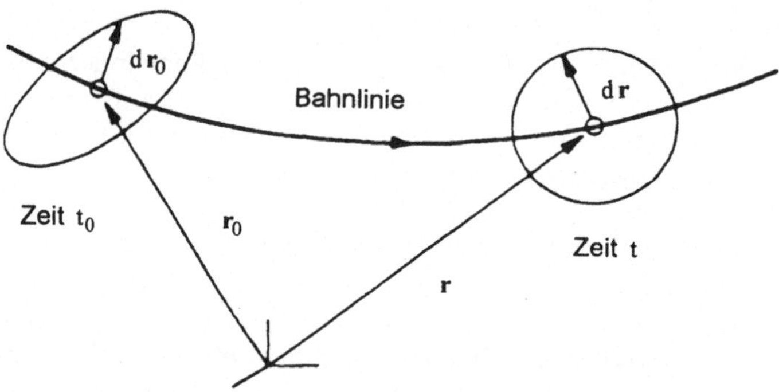

Abb. 2.3: Deformation eines fluiden Linienelements

bezeichnet, entsprechend $\mathbf{F}(\mathbf{r}_0, t) = \operatorname{grad} \mathbf{r}(\mathbf{r}_0, t)$. Er hängt i. allg. vom Ort und von der Zeit ab und ist nicht symmetrisch.

Die anschauliche Bedeutung des Deformationsgradiententensor wird klar, wenn man ein infinitesimales quaderförmiges Volumenelement betrachtet, welches zur Zeit t_0 durch die Vektoren

$$
\begin{aligned}
d\boldsymbol{\xi}_a &= \mathbf{e}_x ds_a, \\
d\boldsymbol{\xi}_b &= \mathbf{e}_y ds_b, \\
d\boldsymbol{\xi}_c &= \mathbf{e}_z ds_c,
\end{aligned}
\tag{2.10}
$$

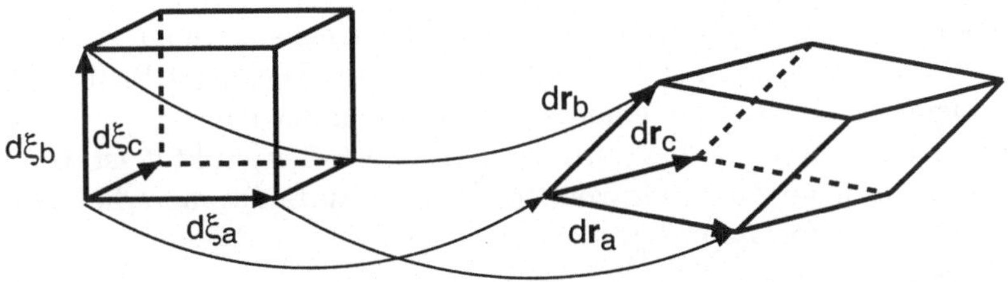

Abb. 2.4: Deformation eines materiellen Quaders

(in den drei Koordinatenrichtungen orientiert) rechtwinklig aufgespannt wird (Abb. 2.4). Der Volumeninhalt des Quaders ist dann $dV_0 = ds_a ds_b ds_c$. Mittels des Tensors $\mathbf{F}$ werden die Kanten des Quaders in diejenigen eines Parallelepipeds zur aktuellen Zeit t transformiert, und zwar

$$d\mathbf{r}_a = \mathbf{F}d\boldsymbol{\xi}_a,$$
$$d\mathbf{r}_b = \mathbf{F}d\boldsymbol{\xi}_b, \qquad (2.11)$$
$$d\mathbf{r}_c = \mathbf{F}d\boldsymbol{\xi}_c.$$

Nun berechnet sich das Volumen des deformierten Elements durch das Spatprodukt $dV = (d\mathbf{r}_a \times d\mathbf{r}_b) \cdot d\mathbf{r}_c$. Durch Einsetzen von Gl.(2.10) in Gl.(2.11) erhält man schließlich eine Beziehung für den Volumeninhalt zur aktuellen Zeit

$$dV = (\det \mathbf{F})\, dV_0. \qquad (2.12)$$

Gleichung (2.12) gilt allgemein, denn die ursprüngliche bzw. die deformierte Form des Volumenelements spielt keine Rolle. Für volumenerhaltende, inkompressible Strömungen muß demnach zu jeder Zeit und an jedem Ort gelten:

$$\det \mathbf{F}(\mathbf{r}, t) = 1, \qquad (2.13)$$

man spricht dann auch von isochoren Strömungen.

Der Deformationsgradententensor $\mathbf{F}$ ist zudem geeignet, die durch eine Strömung verursachte Änderung eines Flächenelements zu beschreiben. Das Ergebnis (2.12) läßt sich auch in der Form

$$d\mathbf{r}\, d\mathbf{A} = (\det \mathbf{F})\, d\mathbf{r}_0\, d\mathbf{A}_0 \qquad (2.14)$$

schreiben. Ersetzt man $d\mathbf{r}$ durch den Ausdruck (2.9), so erhält man

$$d\mathbf{r}_0 \left(\mathbf{F}^T d\mathbf{A} - \det \mathbf{F}\, d\mathbf{A}_0 \right) = 0. \qquad (2.15)$$

Da $d\mathbf{r}_0$ beliebig ist, muß der Klammerausdruck selbst verschwinden. Damit ist die Änderung des Flächenelements mit der Determinante der Inversen des Deformationsgradententensors verbunden,

$$d\mathbf{A} = (\det \mathbf{F})\, \mathbf{F}^{-1,T} d\mathbf{A}_0. \qquad (2.16)$$

Man erkennt, daß sich Linienelemente und Flächenelemente nur dann in gleicher Weise ändern, wenn $\mathbf{F} = (\det \mathbf{F})\, \mathbf{F}^{-1,T}$ gilt. Dies ist z.B. für isochore Strömungen ($\det \mathbf{F} = 1$) bei einer reinen Drehung der Fall.

Neben den aktuellen Verzerrungen zu einem Zeitpunkt t ist vor allem auch deren zeitliche Änderung von Interesse. Dazu bildet man die materielle Ableitung des Deformationsgradienten,

$$\frac{D\mathbf{F}(\mathbf{r}_0,t)}{Dt} = \frac{D}{Dt}\,\frac{\partial \mathbf{r}(\mathbf{r}_0,t)}{\partial \mathbf{r}_0} = \frac{\partial \mathbf{v}(\mathbf{r},t)}{\partial \mathbf{r}}\,\frac{\partial \mathbf{r}}{\partial \mathbf{r}_0}$$

und erhält in symbolischer Schreibweise den Tensor

$$\dot{\mathbf{F}} = \frac{D\mathbf{F}(\mathbf{r}_0,t)}{Dt} = \mathbf{L}(\mathbf{r},t)\,\mathbf{F}. \tag{2.17}$$

Ausgehend von einem zu Anfang unverzerrten Zustand, d.h. $\mathbf{F}(\mathbf{r}_0,0) = \mathbf{1}$, kann der Deformationsgradient durch Integration der Evolutionsgleichung (2.17) zeitlich verfolgt werden. Hierbei ist zu beachten, daß die Gl. (2.17) bei einer dreidimensionalen Strömung aus einem System von neun gekoppelten Differentialgleichungen besteht. Die Komponenten des Geschwindigkeitsgradententensor $\mathbf{L}$ stellen dabei die Koeffizienten des Systems dar. Mit dem Tensor $\dot{\mathbf{F}}$ folgt unter Verwendung der Gln.(2.9) und (2.17) für die zeitliche Änderung eines materiellen Linienelements

$$\frac{D}{Dt}d\mathbf{r} = \dot{\mathbf{F}}\,d\mathbf{r}_0 = \operatorname{grad}\mathbf{v}\,d\mathbf{r} = \mathbf{D}\,d\mathbf{r} + \mathbf{W}\,d\mathbf{r}$$

und man erhält so wieder die schon erwähnte anschauliche Interpretation des Verzerrungsgeschwindigkeitstensors $\mathbf{D}$ und des Drehgeschwindigkeitstensors $\mathbf{W}$.

Von praktischer Bedeutung bei der Ermittlung des Deformationsgradententensors ist die Kettenregel. Sie ermöglicht es, die Deformationen eines Fluidelements im Intervall $[t_0, t]$ aus einzelnen Teilintervallen zusammenzusetzen, vergl. Abb. 2.5. Für einen beliebigen Zeitpunkt $\hat{t}$ innerhalb des Intervalls $t_0 \leq \hat{t} \leq t$ berechnet sich die Gesamtdeformation in einfacher Weise:

$$\mathbf{F}(\mathbf{r}_0,t_0,t) = \mathbf{F}(\mathbf{r}_0,\hat{t},t)\,\mathbf{F}(\mathbf{r}_0,t_0,\hat{t}) \quad \text{für} \quad t_0 \leq \hat{t} \leq t. \tag{2.18}$$

Nur an dieser Stelle treten, anders als vorher, aus Gründen der Darstellung drei Argumente von $\mathbf{F}$ auf. Zwar ist $\mathbf{F}(\mathbf{r}_0,t_0,t)$ gleichbedeutend mit $\mathbf{F}(\mathbf{r}_0,t)$ und $\mathbf{F}(\mathbf{r}_0,t_0,\hat{t})$ läßt sich auch kurz in der Form $\mathbf{F}(\mathbf{r}_0,\hat{t})$ schreiben. Aber $\mathbf{F}(\mathbf{r}_0,t_0,\hat{t})$ soll zum Ausdruck bringen, daß nun die zum Referenzort $\mathbf{r}_0$ gehörige Referenzzeit t_0 nicht mehr die Zeit der aktuellen Bezugskonfiguration darstellt.

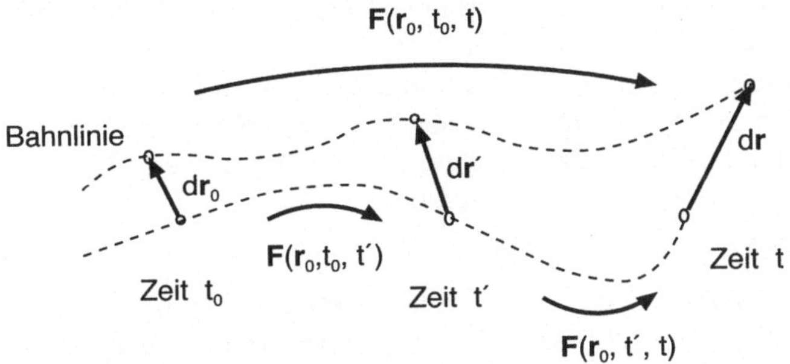

Abb. 2.5: Zur Illustration der Kettenregel für den Deformationsgradiententensor

2.2 Erhaltungsgleichungen, Stoffgesetze, Randbedingungen

Bisher wurden nur kinematische Größen bewegter Fluide behandelt. Zur vollständigen Beschreibung einer realen Strömung in einem Apparat müssen nun die Volumen- und Oberflächenkräfte berücksichtigt werden, die auf ein Fluidvolumen wirken. Handelt es sich bei dem Fluid um eine tropfbare Flüssigkeit, so hängt die Dichte ρ nur sehr gering von dem Druck p und Temperatur T ab. Bei solchen dichtebeständigen Fluiden führt die Bilanz von Masse, Impuls und Energie bei einer Eulerschen Betrachtungsweise auf folgende Form der Erhaltungsgleichungen (z.B. [10]), und zwar auf die Kontinuitätsgleichung

$$\operatorname{div} \mathbf{v} = 0, \tag{2.19}$$

die Bewegungsgleichungen

$$\rho \left(\frac{\partial \mathbf{v}}{\partial t} + (\operatorname{grad} \mathbf{v}) \, \mathbf{v} \right) = -\operatorname{grad} p + \operatorname{div} \mathbf{T} + \mathbf{f}, \tag{2.20}$$

und die Energiegleichung

$$\rho \left(\frac{\partial e}{\partial t} + (\operatorname{grad} e) \, \mathbf{v} \right) = -p \operatorname{div} \mathbf{v} + \operatorname{sp} (\mathbf{T} \cdot \mathbf{D}) - \operatorname{div} \mathbf{q}. \tag{2.21}$$

In den Bewegungsgleichungen bezeichnet $\mathbf{f}$ den Vektor der Volumenkräfte, z.B. den Schwerkraftsvektor. Sowohl die innere spezifische Energie e als auch die Wärmestromdichte $\mathbf{q}$ über die Bilanzgrenzen können über kalorische Zustandsgleichungen unter gewissen Annahmen durch die Temperatur und Materialparameter der Flüssigkeit ausgedrückt werden. Der Einfachheit halber wird im weiteren Verlauf dieser Arbeit vorausgesetzt, daß die betrachteten Strömungen isotherm verlaufen. Die Energiebilanz (2.21) und die thermodynamischen Zustandsgleichungen können daher bei der Berechnung des Stromfeldes außer acht gelassen werden.[3]

Die Reibungsspannungen $\mathbf{T}$ werden mittels Stoffgesetzen mit kinematischen Größen verknüpft. Im Falle sogenannter newtonscher, inkompressibler Fluide ist der Reibungsspannungstensor linear mit dem Tensor $\mathbf{D}$ der Verzerrungsgeschwindigkeiten verbunden,

$$\mathbf{T} = 2\eta\mathbf{D}. \tag{2.22}$$

Die Scherviskosität η ist hierbei ein konstanter Stoffparameter. Schon dieses einfache Stoffgesetz (2.22) kann für eine ganze Reihe von Flüssigkeiten angewendet werden, z.B. Wasser, Mineralöle etc. Allerdings eignet es sich nicht mehr bei makromolekularen Fluiden, wie sie beispielsweise in der Praxis der chemischen Industrie (Farben, Kunststoffschmelzen) und in der Nahrungsverarbeitung (Teigwaren) zu finden sind. Häufig beobachtet man hier eine Verringerung der Viskosität bei zunehmender mechanischer Beanspruchung. Solche Flüssigkeiten werden auch strukturviskos, pseudoplastisch oder scherentzähend genannt. Durch eine Modifizierung von Gl. (2.22) gelangt man zum Materialgesetz für verallgemeinert newtonsche Fluide:

$$\mathbf{T} = 2\eta(\dot{\gamma})\mathbf{D}. \tag{2.23}$$

Die von der Scherrate

$$\dot{\gamma} = \sqrt{2\operatorname{sp}\mathbf{D}^2} \tag{2.24}$$

abhängige Viskositätsfunktion $\eta(\dot{\gamma})$ ist so zu wählen, daß die in Experimenten unter wohldefinierten kinematischen Bedingungen gemessenen Scherviskositäten möglichst genau wiedergegeben werden. Sehr bewährt hat sich das Modell von Carreau und Yasuda [107], das fünf freie Parameter zur Anpassung besitzt:

$$\frac{\eta - \eta_\infty}{\eta_0 - \eta_\infty} = \left(1 + (\lambda\dot{\gamma})^a\right)^{(n-1)/a}. \tag{2.25}$$

Hierin bezeichnet η_0 die Nullviskosität, die im Falle kleiner Scherraten maßgeblich ist, η_∞ die Grenzviskosität bei sehr hohen Schergeschwindigkeiten, λ kann als Zeitkonstante interpretiert werden, n ist der sog. *power-law*-Exponent, der die Scherentzähung bzw. Scherverzähung charakterisiert und der dimensionslose Parameter a beeinflußt den Übergang zwischen dem Bereich konstanter Nullviskosität und dem algebraischen Abfallen im *Power-law*-Bereich. Übliche Zahlenwerte für die Parameter a und n bei einer Vielzahl von wässrigen Lösungen liegen in den Bereichen $a \leq 2$ und $0.2 < n < 0.6$ [9]. Zudem spielt in dem interessierenden Scherratenbereich die Grenzviskosität η_∞ oft keine Rolle. Die Abb. 2.6 zeigt exemplarisch gemessene Viskositätsfunktionen sowie deren Approximation durch das Modell von Carreau-Yasuda und dokumentiert die Leistungsfähigkeit der Näherung.

---

[3] Für das zentrale Thema, nämlich der Simulation eines Mischvorgangs in verfahrenstechnischen Apparaten, stellt diese Annahme keine wesentliche Einschränkung dar.

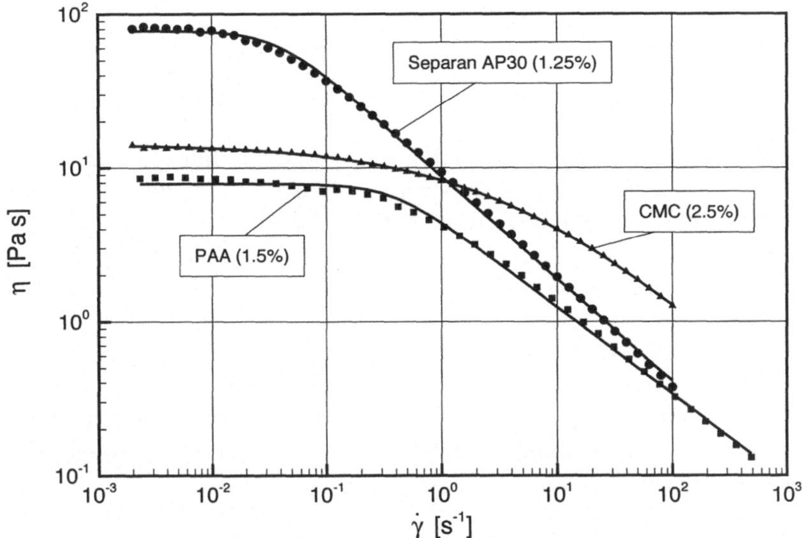

Abb. 2.6: Messungen der Scherviskositätsfunktionen $\eta(\dot{\gamma})$ wässriger Polymerlösungen und deren Approximation mit dem Carreau-Yasuda-Modell (Gl.(2.25)) mit $\eta_\infty = 0$; Separan AP30 (1.25%): $\eta_0 = 77.8\,Pas$, $\lambda = 26.5\,s$, $n = 0.334$, $a = 2$; CMC (2.5%): $\eta_0 = 14.3\,Pas$, $\lambda = 0.233\,s$, $n = 0.315$, $a = 0.496$; PAA (1.5%): $\eta_0 = 7.88\,Pas$, $\lambda = 2.66\,s$, $n = 0.436$, $a = 2$

Insbesondere bei instationären Strömungen realer Fluide beobachtet man Effekte, die darauf hinweisen, daß neben den rein viskosen auch elastische Stoffeigenschaften eine Rolle spielen müssen. Man spricht dann auch von Fluiden mit *Gedächtnis*. So relaxiert beispielsweise die Spannung in einem solchen viskoelastischen Fluid bei plötzlicher Änderung der Schergeschwindigkeit, was bei newtonschen bzw. verallgemeinert newtonschen Fluiden nicht der Fall ist. Offensichtlich hängen die Reibungsspannungen auf ein Fluidelement zur aktuellen Zeit von der Deformationsgeschichte des Fluidelements ab. Dagegen beeinflussen zukünftige Bewegungen den Spannungszustand nicht. Dieses Prinzip der Kausalität wird für das Reibungsverhalten von Fluiden grundsätzlich vorausgesetzt und ist auch allgemein akzeptiert. Weiterhin geht im folgenden die Annahme ein, daß räumlich entfernte Fluidteilchen keinen Einfluß auf die Spannungen im betrachteten Element haben. Für die meisten Flüssigkeiten, insbesondere für die später behandelten, stellt dies keine wesentliche Einschränkung dar. Solche *rheologisch einfachen* Fluide lassen sich unter der Bedingung der Isotropie und dem Prinzip der materiellen Objektivität durch die Darstellung

$$\mathbf{T}(\mathbf{r}, t) = \mathcal{F}_{s=0}^{\infty}\left[\mathbf{C}_t(\mathbf{r}, s)\right] \tag{2.26}$$

beschreiben, in der s die retadierte Zeit darstellt. Das Funktional $\mathcal{F}$ kann in allgemeiner Form durch ein Einfachintegral ersetzt werden [34],

$$\mathbf{T}(\mathbf{r}) = \int_0^\infty [m_1(s, I, II)\,(\mathbf{C}_t(\mathbf{r}, s) - \mathbf{1})$$
$$+ m_2(s, I, II)\,(\mathbf{C}_t^{-1}(\mathbf{r}, s) - \mathbf{1})]\,ds \qquad (2.27)$$

Die beiden skalaren Gedächtnisfunktionen m_1 und m_2 hängen von den beiden ersten Invarianten des relativen Finger-Tensors $\mathbf{C}_t^{-1}$, der Inversen des relativen Rechts-Cauchy-Green-Tensors[4] $\mathbf{C}_t = \mathbf{F}_t^T \cdot \mathbf{F}_t$ ab

$$I_{\mathbf{C}_t^{-1}} = \mathrm{sp}\,\mathbf{C}_t^{-1}, \qquad (2.28)$$

$$II_{\mathbf{C}_t^{-1}} = \frac{1}{2}\left(\left(\mathrm{sp}\,\mathbf{C}_t^{-1}\right)^2 - \mathrm{sp}\left(\mathbf{C}_t^{-1}\right)^2\right). \qquad (2.29)$$

Die dritte Invariante $III_{\mathbf{C}_t^{-1}} = \det\mathbf{C}_t^{-1}$ ist bei dichtebeständigen Fluiden stets 1. Unter dieser Bedingung bestehen übrigens folgende Zusammenhänge zwischen den Invarianten von $\mathbf{C}_t$ und $\mathbf{C}_t^{-1}$,

$$I_{\mathbf{C}_t^{-1}} = II_{\mathbf{C}_t}, \qquad II_{\mathbf{C}_t^{-1}} = I_{\mathbf{C}_t}, \qquad III_{\mathbf{C}_t^{-1}} = III_{\mathbf{C}_t} = 1,$$

die sich aus dem Cayley-Hamiltonschen Theorem ergeben [34].

Dem Vorteil eines solchen integralen Stoffmodells, daß durch geeignete Wahl der Gedächtnisfunktionen ganz verschiedene rheologische Eigenschaften quantitativ richtig beschreiben kann (vergl. Abb. 2.7, Stoffmodell nach [94]), steht der Nachteil der Anwendung auf konkrete Strömungsprobleme entgegen. Zur Berechnung der Reibungsspannungen müssen nämlich fluide Teilchen zeitlich zurückverfolgt werden, wobei jedoch a priori die Strömung noch gar nicht bekannt ist und sich erst aus den Bewegungsgleichungen (2.20) ergibt.

Prinzipiell lassen sich Stoffgleichungen auch differentiell formulieren. Eine relativ einfache Gestalt hat das Modell von Maxwell

$$\mathbf{T} + \lambda\tilde{\mathbf{T}} = 2\eta_0\mathbf{D} \qquad (2.30)$$

mit der Nullviskosität η_0, der Relaxationszeit λ und der objektiven Jaumannschen Zeitableitung $\tilde{\mathbf{T}} = D\mathbf{T}/Dt - \mathbf{W}\mathbf{T} + \mathbf{T}\mathbf{W}$. Ein solches Modell ist mit den beiden konstanten Parametern durchaus in der Lage nichtlineare Stoffeigenschaften, z.B. nichtlineares Fließen und Normalspannungsdifferenzen zu simulieren. Jedoch gilt dies für reale Flüssigkeiten nur in kleinen Grenzen für der Scherrate und auch das Verhältnis von zweiter und erster Normalspannungsdifferenz entspricht nicht den experimentellen Werten. Natürlich kann Gl. (2.30) weiter verallgemeinert werden, z.B. durch das von Oldroyd vorgeschlagene Acht-Konstanten-Modell. Durch die größere Anzahl der freien

---

[4] Auf die Bedeutung des (relativen) Rechts-Cauchy-Green Tensors wird später im Kap. 5 eingegangen.

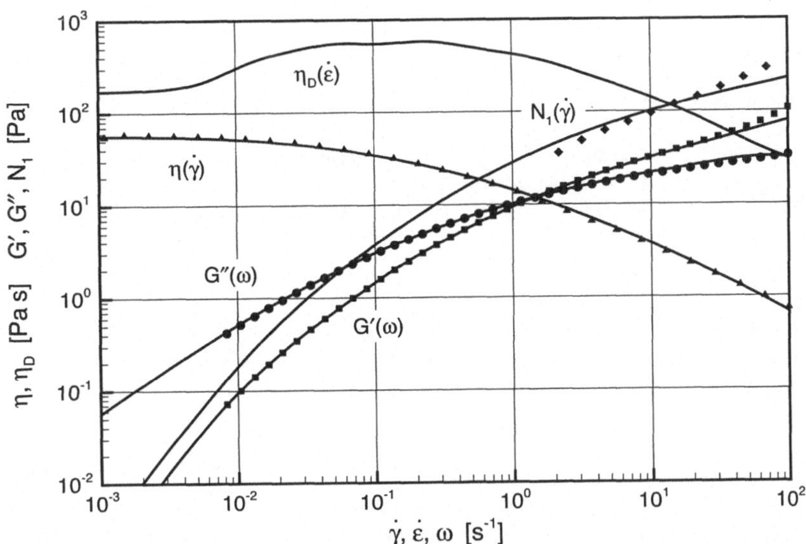

Abb. 2.7: Vergleich zwischen gemessenen rheologischen Eigenschaften einer wässrigen PAA-Lösung (2.5%) und der Approximation durch ein modifiziertes Einfachintegralmodell nach Wagner [94]: Scherviskosität $\eta(\dot\gamma)$, Dehnviskosität $\eta_D(\dot\varepsilon)$, Gleitmodul $G'(\omega)$, Verlustmodul $G''(\omega)$, Normalspannungsdifferenz $N_1(\dot\gamma)$.

Parameter ist dort eine Anpassung an gemessene Stoffeigenschaften sehr viel besser möglich.

Zur Lösung der Impulsgleichung (2.20) in Verbindung mit der Kontinuitätsgleichung (2.19) und einem Stoffgesetz in einem mit dem strömenden Fluid gefüllten Gebiet sind geeignete Rand- und Anfangsbedingungen zu wählen. Es müssen einerseits zur Zeit $t = t_0$ Anfangsbedingungen für das gesamte Gebiet und andererseits zu jeder Zeit Bedingungen auf allen Strömungsrändern Γ vorgeschrieben werden. Man unterscheidet hierbei Dirichlet-Bedingungen, bei denen die Unbekannte selbst auf dem Rand festgelegt wird und den Neumann-Bedingungen, die eine Vorgabe der Ableitung der Größe auf dem Rand fordern. Mögliche Randbedingungen sind in der Tabelle 2.1 verzeichnet. Der Vektor der äußeren Normalen auf dem Rand Γ wird mit **n** bezeichnet, und $\mathbf{t} = -p\mathbf{n} + \mathbf{Tn}$ stellt den Spannungsvektor dar. Die Abströmrandbedingung ist eher von theoretischer Natur. Im allgemeinen Fall liegen dort nur wenige Informationen über die Strömung vor. Damit der Einfluß der Randbedingungen des Ausströmrandes auf das eigentlich interessierende Stromfeld im Inneren des Berechnungsgebiets gering ist, sollte der Rand möglichst weit stromab gelegt werden.

Später werden vor allem Strömungen behandelt, die in geeigneten Bezugssystemen stationär sind. Bei solchen Strömungen verschwindet die lokale

Tabelle 2.1: Einteilung der Randbedingungen

Randbedingung		Beispiele
Kinematisch:	$\mathbf{v} = \mathbf{v}_\Gamma$	Einströmrand, feste Wände, Periodizität
Dynamisch:	$\mathbf{t} = \mathbf{t}_\Gamma$	Rand mit freier Oberfläche
Gemischt:	$\mathbf{v} \cdot \mathbf{n} = 0$ und $\mathbf{t} \times \mathbf{n} = 0$	Symmetrierand
	$\mathbf{v} \times \mathbf{n} = \mathbf{0}$ und $\mathbf{t} \cdot \mathbf{n} = 0$	Abströmrand

Zeitableitung der Geschwindigkeit, $\partial \mathbf{v}/\partial dt = 0$. Zudem überwiegen bei hochviskosen Flüssigkeiten die Reibungskräfte gegenüber den Trägheitskräften im Stromfeld. Das Verhältnis beider Kräfte beschreibt die Reynoldszahl, die definiert ist zu

$$Re = \frac{\rho \|\mathbf{v}\|^2}{\|\mathbf{T}\|}. \tag{2.31}$$

Hierbei sind $\|\mathbf{v}\|$ und $\|\mathbf{T}\|$ geeignet gewählte Normen für das Geschwindigkeitsfeld und für das Feld der Reibungsspannungen. Hochviskose Strömungen, wie sie im folgenden behandelt werden, sind durch

$$Re \ll 1 \tag{2.32}$$

gekennzeichnet, sie werden auch mit dem Namen *schleichende Strömungen* umschrieben.[5]

2.3 Numerische Strömungsberechnung

Nur in einigen speziellen Fällen gelingt die Lösung der strömungsmechanischen Erhaltungsgleichungen von Masse und Impuls auf analytische Weise. In der Regel finden die Strömungsvorgänge in der Praxis in komplexen Geometrien statt, die Strömung ist dann dreidimensional und oftmals instationär. Dann kann nur eine Näherungslösung mit Hilfe numerischer Verfahren erzeugt werden. Die hierbei angewendeten Methoden orientieren sich an dem strömungsmechanischen Problem. Im Bereich der viskosen Strömungen haben sich vorwiegend Finite-Differenzen- (FD), Finite-Volumen- (FV) und Finite-Elemente-Verfahren (FE-Verfahren) durchgesetzt [81, 96, 61, 31, 80]. Diese Methoden weisen zwar gewisse gleichartige Strukturen auf, können aber in zwei Klassen eingeteilt werden. Die grundsätzlichen Gedanken dieser Verfahren werden hier kurz erläutert, wobei nur auf die Berechnung stationärer Probleme eingegangen wird.

---

[5] Schleichende Strömungen haben spezielle Eigenschaften, die in Kap. 6 näher erläutert und ausgenutzt werden.

Bei der ersten Klasse, den FD/FV-Verfahren, wird über das Berechnungsgebiet ein Gitter gelegt. Die Kreuzungspunkte des Gitters stellen beim zellenorientierten FD-Verfahren die Knotenpunkte dar, beim FV-Verfahren liegen die Knotenpunkte i. allg. im Inneren der sogenannten Kontrollvolumina, die durch das Gitter gebildet werden. An diesen diskreten Punkten soll der Strömungszustand (die Komponenten des Gschwindigkeitsvektors und der Druck) berechnet werden. Die Gitter sind gewöhnlich auf lokaler Ebene strukturiert, d.h. die Numerierung der Knotenpunkte erfolgt monoton entlang der Gitterlinien bzw. Kontrollvolumina. Die in den Erhaltungsgleichungen auftretenden Differentialquotienten werden beim FD-Verfahren durch geeignet gewählte Differenzenoperatoren approximiert. So können erste Ableitungen grundsätzlich durch *Vorwärts-*, *Rückwärts-* oder *zentralen* Differenzenquotienten ersetzt werden. Die Approximation führt auf ein System von Differenzengleichungen, die dabei entstehenden Matrizen haben häufig Bandstruktur und können meist iterativ gelöst werden. Die Genauigkeit der Lösung sowie die Stabilität der Verfahrens hängt wesentlich von der Wahl des Differenzenquotienten ab. Bei den FV-Verfahren werden die Erhaltungsgleichungen in integraler Form für jedes Kontrollvolumina formuliert. Dabei entstehen einerseits Oberflächenintegrale, andererseits Volumenintegrale. Die Oberflächenintegrale können als konvektive und diffusive Flüsse durch die Oberfläche des Kontrollvolumens aufgefaßt werden. Die Diskretisierung dieser Flüsse von einem Kontrollvolumen in ein benachbartes führt auf Gleichungen, die analog auch bei den Differenzenverfahren (FD) verwendet werden. Das Volumenintegral wird in der Regel durch numerische Integration ermittelt. Auch hier resultiert ein lineares Gleichungssystem zur Berechnung der unbekannten Gitterpunkte.

Bei der zweiten Klasse, den FE-Verfahren, wird das Berechnungsgebiet in ein Netz von finiten Elementen zerteilt. Im zweidimensionalen Fall sind dies vielfach Dreiecke und Vierecke, im dreidimensionalen Fall Tetraeder oder quaderförmige Elemente, in denen an ausgezeichneten Stellen (am Rand, im Inneren) Knotenpunkte liegen. Im Gegensatz zu den üblichen FD-Verfahren ist ein solches Netz i. allg. nicht strukturiert. Ein wesentliches Charakteristikum der FE-Verfahren ist, daß sie nicht nur an den Knotenpunkten, sondern im gesamten Berechnungsraum eine gleichmäßig gültige Näherungslösung liefern. Dazu wird die gesuchte Lösung durch prinzipiell beliebig gewählte Ansatzfunktionen, in der Regel Polynome approximiert. Die unbekannten Koeffizienten dieser Ansatzfunktionen bilden die Knotenvariablen. In Abhängigkeit von dem Problem müssen die Funktionen beim Übergang zu Nachbarelementen bestimmte Stetigkeitsbedingungen erfüllen, d.h. die Elemente sollen konform sein. Die in den Elementen definierten Ansatzfunktionen bilden in ihrer Gesamtheit die globale Darstellung der gesuchten Funktion des Strömungszustandes. Die Idee bei den FE-Verfahren ist nun, die globalen Ansatzfunktionen so zu wählen, daß einerseits die vorgegebenen Randbedingungen exakt erfüllt werden, andererseits soll beim Einsetzen der Ansätze in das Differentialgleichungssystem ein Residuum möglichst klein werden und der Gleichungsfehler sich möglichst gleichmäßig über das ganze Rechengebiet verteilen. Dies wird erreicht, wenn das Residuum über dem gesamten Berechnungsgebiet, gewichtet mit gewissen Gewichtungsfunktionen im integralen Mittel verschwindet. Von den möglichen Gewichtungsfunktionen hat sich das Galerkin-Verfahren durchgesetzt, bei dem die Ansatzfunktionen zugleich als Gewichtungsfunktionen verwendet werden.

Die Finite-Elemente-Verfahren haben gewisse Eigenschaften, die insbesondere bei der Berechnung von viskosen Strömungen in komplexen Geometrien vorteilhaft sind: Die FE-Netze können unstrukturiert sein, es können unterschiedliche Elementtypen miteinander kombiniert werden und lokale Verfeinerungen des Netzes sind relativ leicht möglich. Gekrümmte Geometrien lassen sich mit finiten Elementen sehr gut nachbilden. Zudem ist man oftmals auch an integralen oder anderen Größen interessiert, die sich leicht aus einer FE-Lösung extrahieren lassen. Beispiele sind der Volumenstrom durch einen Apparat, die Dissipationsleistung oder der Wirbelvektor. Gerade bei Größen, die sich aus Ableitungen des Geschwindigkeitsfeldes berechnen, kommt der Vorteil der FE-Verfahren zum Tragen. Schließlich ist die numerische Berechnung des Deformationstensors $\mathbf{F}$ längs einer Partikelbahn überhaupt nur in einem stetigen Geschwindigkeitsfeld ohne Korrekturen möglich, vergl. Abschnitt 5.5. Als Nachteile sind vor allem der höhere Aufwand bei der Implementierung des FE-Codes und die zumeist längere Rechenzeiten zu nennen.[6]

Die stationären Strömungen in den später behandelten dreidimensionalen Beispielen für komplexe verfahrenstechnische Apparate sind mit einem speziellen Finite-Elemente Verfahren berechnet worden. Es handelt sich um die Erweiterung einer im ebenen und rotationssymmetrischen Fall mit großem Erfolg angewandte Methode [78, 77] mit einem eigens entwickelten Iterationsverfahren zur Lösung der im dreidimensionalen Fall sehr großen Gleichungssysteme. An dieser Stelle soll lediglich die grundsätzliche Vorgehensweise dieser Methode kurz erläutert werden, nähere Informationen und Details sind in [13] zu finden. Es wird zur Berechnung einer Näherungslösung zunächst mit Standardtechniken eine schwache Formulierung der Erhaltungsgleichungen (2.20) und (2.19) erstellt:

$$\iiint_V [(\rho\mathbf{a} - \mathbf{f})\mathbf{w} + \mathrm{sp}\,(\mathbf{T}(\mathbf{v})\cdot\mathbf{D}(\mathbf{W})) - p\,\mathrm{div}\,\mathbf{w}]\,dV$$

$$- \iint_\Gamma \mathbf{t}\mathbf{w}\,d\Gamma = 0, \qquad (2.33)$$

$$\iiint_V q\,\mathrm{div}\,\mathbf{v}\,dV = 0, \qquad (2.34)$$

---

[6] Die generelle Aussage in [61], daß FE-Verfahren weniger genaue Lösungen im Vergleich zu den anderen Verfahren bei gleicher Anzahl von Knotenvariablen liefern, mag bezweifelt werden.

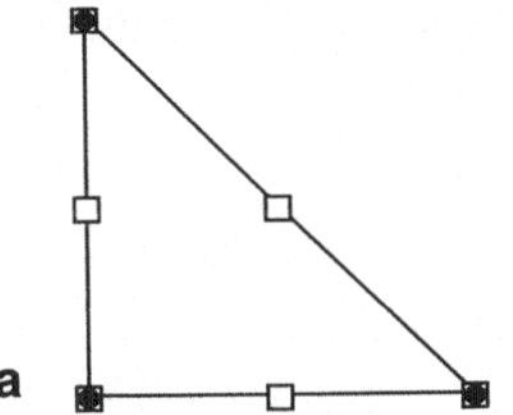 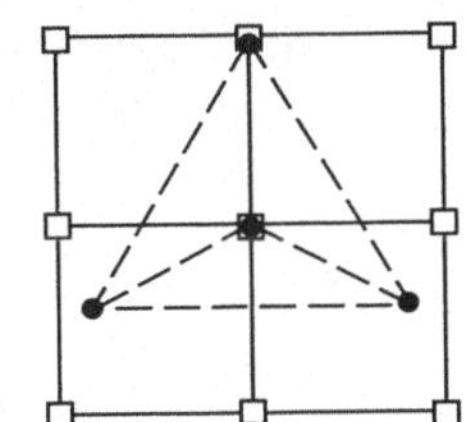

Abb. 2.8: Verwendete gemischte Finite Elemente in der Referenzkonfiguration: (a) zweidimensionales Taylor-Hood-Element, (b) ebene Projektion des dreidimensionalen kubischen Elements ($\square$ Geschwindigkeitsknoten, $\bullet$ Druckknoten)

d.h. bestimme ein Geschwindigkeitsfeld $\mathbf{v} \in V$ und ein Druckfeld $p \in P$, so daß die Strömungsrandbedingungen erfüllt sind und die Gln. (2.33) und (2.34) für alle Gewichtsfunktionen $\mathbf{w} \in V$ und $q \in P$ verschwinden. V, P sind geeignet zu wählende Funktionsräume für $\mathbf{v}, \mathbf{w}$ und p, q. Das hier entstandene Randintegral enthält den Spannungsvektor $\mathbf{t}$, mit dem auf dem Rand dynamische Randbedingungen vorgegeben werden können. Das Integral verschwindet auf demjenigen Teil des Randes, auf dem kinematische Randbedingungen vorliegen, da dort die Gewichtsfunktionen selbst verschwinden.

Zur räumlichen Diskretisierung werden gemischte Elementtypen verwendet. Im zweidimensionalen Fall kommen hier die sogenannten Taylor-Hood-Elemente zum Einsatz. Diese approximieren die Geschwindigkeiten im Element mit quadratischen Ansatzfunktionen, den Druck mit linearen Funktionen (Abb. 2.8a). Bei dreidimensionalen Strömungen wird das Berechnungsgebiet mit kubischen Elementen diskretisiert. Der Ansatz für das Geschwindigkeitsfeld ist dabei vollständig quadratisch (isoparametrisches 27-Knoten-Element), für das Druckfeld ebenfalls ein elementweise stetiger, linearer Ansatz. Abbildung 2.8b zeigt ein solches Element in der Referenzkonfiguration $[-1, 1]^3$ als ebene Projektion. Die Druckknoten liegen im Inneren des Elements auf einer Kugel mit dem Radius eins und sie bilden die Eckpunkte eines Tetraeders.

Mit dem Galerkin-Verfahren werden die Gln. (2.33) und (2.34) in ein algebraisches Gleichungssystem überführt. Dieses kann durchaus nichtlineare Terme enthalten, so bei Berücksichtigung von konvektiven Beschleunigungstermen oder bei Verwendung von nicht-linear viskosen Stoffgesetzen. In solchen Fällen führt die Lösung des nichtlinearen Gleichungssystem mit dem Newton-Raphson-Verfahren in jedem Iterationsschritt auf ein lineares Gleichungssystem für Korrekturen von Geschwindigkeit und Druck. In dem hier dreidimensionalen Fall wird zur Lösung des linearen Gleichungssystems ein effizienter Uzawa-Algorithmus verwendet, der in [77] als Glätter innerhalb eines Mehrgitterzyklus entwickelt wurde und in ähnlicher Weise von [76] genutzt wurde. In den Algorithmus gehen gewisse Verfahrensparameter ein, die zu Anfang geeignet gewählt werden müssen und dann für die gesamte Berechnung konstant gehalten werden können.

3. Charakterisierung des Mischprozesses

Das Mischen zäher Flüssigkeiten gehört zu den Grundoperationen in technischen Verarbeitungsprozessen. Dies zeigt die Vielzahl der Apparate, die zum Vermischen in der chemischen Industrie und in der Arzneimittel- oder Lebensmittelindustrie eingesetzt werden: Rührgeräte, statische Mischer, Ultraschallhomogenisierer, Strahlmischer, Extruder u.v.m [37]. In fast jeder Prozeßlinie zur Herstellung eines Halbzeugs, eines Produkts oder eines Lebensmittels wird man Apparate finden, die auch Mischoperationen durchführen.

Erklärtes Ziel des Mischens ist die gleichmäßige Verteilung verschiedener Komponenten, die zu Beginn getrennt voneinander vorlagen. Inhomogenitäten sind soweit zu reduzieren, wie es der Prozeßablauf und die Produktqualität erfordern. Zonen mit Entmischungen müssen ganz vermieden werden.

Gerade bei der Produktion von Kunststoffen wird zwar das chemische Grundgerüst bei der Polymerisation geschaffen, die maßgeblichen physikalischen Eigenschaften aber werden durch das Zumischen verschiedenster Zusatzmaterialien erzeugt [29]. Neben Pigmenten, Bindemitteln, Stabilisatoren, Gleit- und Trennmitteln gehören Füll- und Verstärkungsstoffe dazu. Erschwerend kommt hinzu, daß diese Zusatzstoffe oftmals nur in sehr geringer Konzentration eingearbeitet werden. Hierbei ist es entscheidend für die Eigenschaften und das Aussehen des Endprodukts, daß eine homogene Verteilung im Mischprozeß stattfindet.

Die Einflußgrößen auf den Mischprozeß sind vielfältig. Eine entscheidende Rolle spielt naturgemäß das verwendete Aggregat. Selbst wenn dieses festlegt ist, bleiben jedoch noch viele Parameter offen. So muß bei einem Rührapparat noch über das eigentliche Rührorgan und beispielsweise über Anzahl und Größe von Wehrblechen entschieden werden. Weiterhin beeinflussen die Betriebsbedingungen wie Durchflußmenge, Drehzahl bei dynamischen Mischern, Leistungsverfügbarkeit u.s.w. wesentlich den Mischvorgang.

Nach wie vor wirft der eigentliche Mischprozeß viele Fragen auf. Er ist lediglich in Ansätzen theoretisch durchdrungen, obwohl eine Einschränkung auf laminare Strömungsverhältnisse schon eine wesentliche Vereinfachung darstellt. Experimentelle Methoden zur Charakterisierung stehen in der industriellen Praxis im Vordergrund. Langjährige Erfahrungen und intuitives Handeln der beteiligten Mitarbeiter spielen bei der Auswahl von Mischapparaten und bei der Optimierung von Mischprozessen eine große Rolle. Oftmals wird in diesem Zusammenhang von der *Kunst des Mischens* gesprochen. Gerade bei der Entwicklung neuer Mischaggregate oder neuer Verarbeitungsprozesse erfordert es jedoch im allgemeinen einen hohen experimentellen Aufwand, um ein optimiertes Mischergebnis einzustellen und die erforderliche Mischqualität zu erreichen.

Bevor in diesem Kapitel auf die zur Zeit gebräuchlichen Konzepte und Meßmethoden zur Charakterisierung eines Mischprozesses eingegangen wird, muß nach den Mechanismen gefragt werden, die zu einer Verteilung der Komponenten führen und es muß der Begriff des Mischzustands definiert werden.

3.1 Mischmechanismen

Grundsätzlich müssen alle Komponenten einer fluiden Mischung relativ zueinander in Bewegung gesetzt werden, damit überhaupt eine Vermischung stattfindet. Mit stagnierenden Regionen in einem Mischapparat sind keine guten Mischresultate zu erzielen. Dabei kommen prinzipiell zwei Arten der Bewegung in Frage: die molekulare Diffusion und die Fluidbewegung durch eine Strömung. Die Diffusion kann für den eigentlichen Mischprozeß aus den schon in der Einleitung angegebenen Gründen vernachlässigt werden. Lediglich bei ineinander löslichen Komponenten werden zum Abschluß des Mischens durch die Diffusion noch bestehende Konzentrationsunterschiede abgebaut. Solche mikroskopischen Prozesse werden hier im folgenden nicht berücksichtigt. Geht man weiterhin von hochviskosen Materialien aus, so werden die Reynolds-Zahl-Bereiche, die turbulente Strömungen charakterisieren, bei weitem nicht erreicht. Die Trägheitskräfte spielen in den hier betrachteten Strömungen gegenüber den Reibungskräften keine Rolle. Der Mischvorgang findet dann unter laminaren Bedingungen statt.

Zudem sollen bei der weiteren Betrachtung davon ausgegangen werden, daß die Komponenten ineinander mischbar sind. Bei unmischbaren Flüssigkeiten spielen die unterschiedlichen Grenzflächenspannungen eine entscheidende Rolle. Die Grenzflächen beeinflussen damit ihre unmittelbare Umgebung in der Strömung und machen die Analyse des Mischvorgangs erheblich schwieriger. Einerseits können große Tropfen unter der Wirkung der Strömung zerfallen, andererseits können sich kleinere Tropfen zu größeren Gebilden wieder vereinigen (Koaleszenz). Dagegen verhalten sich mischbare Flüssigkeiten in diesem Sinne passiv und kleinste Fluidvolumen folgen der Strömung unter gewissen Voraussetzungen ohne Eigendynamik.

Zur Beschreibung laminarer Mischprozesse mischbarer Flüssigkeiten lassen sich grundsätzlich zwei Basisprozesse unterscheiden:

- das *konvektive* Mischen und
- das *distributive* Mischen.

In Abb. 3.1 wird der Unterschied beider Prozesse klar. Man denke sich einen farblich angefärbten Flüssigkeitstropfen, der anfangs kompakt in eine

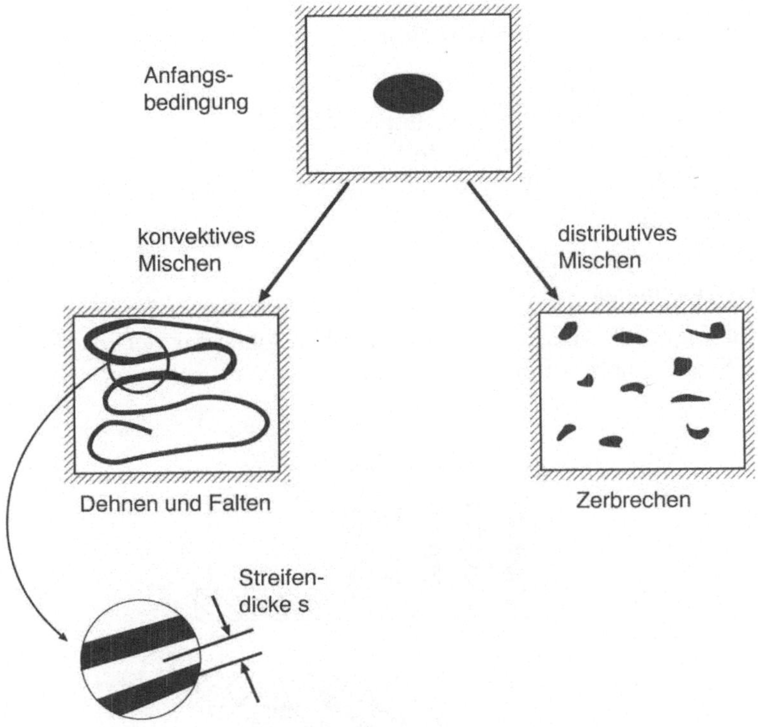

Abb. 3.1: Mechanismen beim laminaren Mischen

Strömung eingebracht wird. Bei einem konvektiven Prozeß wird der Tropfen durch die Verzerrung von Fluidelementen bleibend deformiert und je nach Strömung auch gefaltet. Die Grenzfläche zwischen den beiden Komponenten vergrößert sich dadurch. Als Maß für die Vermischung läßt sich dann eine Streifendicke s angeben, deren Größe im Laufe der Zeit abnehmen wird.

Im Fall des distributiven Mischen kommt es auf Grund von äußeren Kräften zu einem Zerbrechen des Tropfens.[1] Dies erfolgt zumeist durch Einbauten im Mischaggregat, an denen der Fluidstrom zerteilt und nachfolgend in anderer Weise wieder zusammengeführt wird. Statische Mischer, deren Wirkungsweise im späteren Verlauf dieser Arbeit ausführlich erläutert werden, arbeiten u.a. nach diesem Prinzip.

Im allgemeinen sind sowohl das konvektive als auch das distributive Mischen notwendig, um eine effiziente Vermischung von fluiden Stoffen zu erreichen.

---

[1] Leider ist in der Literatur die Begriffsbildung der beiden Mischprozesse uneinheitlich. So wird beispielsweise in [64, 48, 29] zwischen distributivem und dispersiven Mischen unterschieden. Hier wird die allgemeine, insbesondere in der englischsprachigen Literatur [63] gebräuchliche Namensgebung verwendet.

3.1.1 Mischen durch Konvektion

Die Deformation von Fluidelementen bei einem konvektiven Mischvorgang erfolgt durch Dehnung und Stauchung. Dazu sind im Strömungsfeld grundsätzlich Geschwindigkeitsgradienten notwendig, da eine reine translatorische Bewegung nicht zu einer Verzerrung führt. Zwei prinzipielle Strömungsformen sind hierbei zu nennen:

- *Scherströmungen* und
- *Dehnströmungen.*

Beide Bewegungsformen können zu einer Verkleinerung der in Abb. 3.1 definierten Streifendicke s führen.

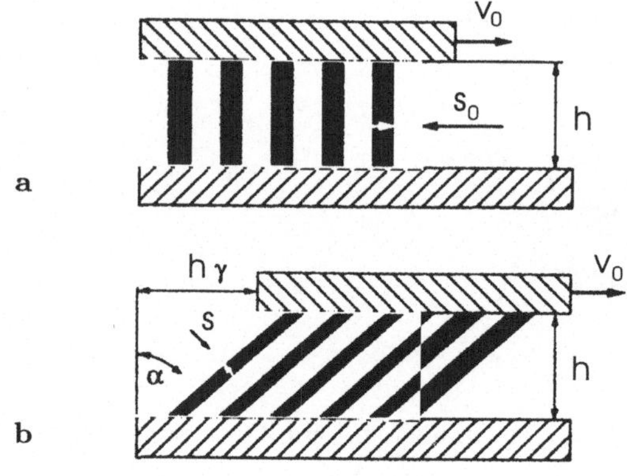

Abb. 3.2: Deformation einer viskosen Flüssigkeit durch Scherung: (a) Anfangzustand zur Zeit $t = 0$, (b) Zustand zur Zeit $t > 0$

Die Deformation eines geeignet gewählten Fluidelements in einer Scherströmung besteht aus einer Winkeländerung der Kanten und einer Drehung. Abbildung 3.2 macht dies anhand einer einfachen, zweidimensionalen Scherströmung deutlich. Zwischen zwei parallelen Platten mit dem Spaltabstand h befindet sich eine viskose Flüssigkeit. Streifen der Dicke s_0 markieren Flächenelement in dem Fluid. Durch die Bewegung der oberen Platte mit der Geschwindigkeit v_0 stellt sich im Spalt ein lineares Geschwindigkeitsprofil

$$v_x = 0, \quad v_y = 0, \quad v_z = \frac{v_0}{h} y \tag{3.1}$$

ein. Die markierten Streifen werden durch die so erzeugte homogene Scherdeformation

$$\gamma = \int_0^t \dot{\gamma}(\tau)\, d\tau = \frac{d\,v_z}{dy}\, t = \frac{v_0}{h}\, t, \tag{3.2}$$

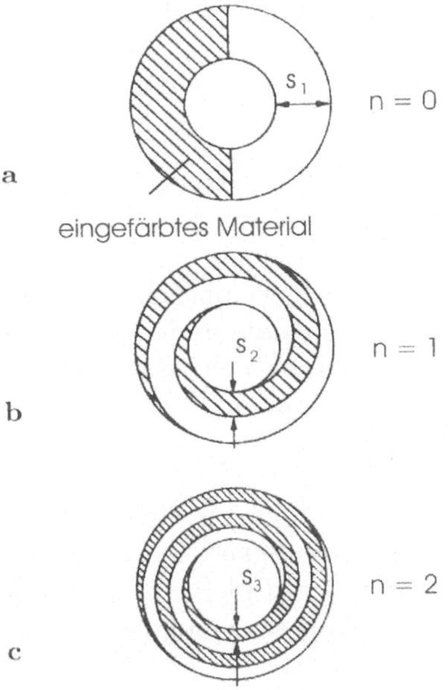

Abb. 3.3: Deformation einer viskosen Flüssigkeit in einer Couette-Strömung nach [70]: (a) Anfangszustand, (b) nach einer Umdrehung, (c) nach zwei Umdrehungen

verzerrt und die Streifendicke s nimmt dabei in Abhängigkeit von γ ab,

$$\frac{s}{s_0} = \frac{1}{\sqrt{1+\gamma^2}}. \tag{3.3}$$

Eine Scherdeformation von $\gamma = 1.74$ (das entspricht einem Scherwinkel von $\alpha = \tan^{-1}\gamma = 60°$) halbiert die Schichtdicke, ein Wert von $s/s_0 = 1/100$ wäre bei $\gamma = 100$ (Scherwinkel $\alpha = 89,43°$) erreicht.

Ähnlich sieht der Vorgang bei einer Couette-Strömung aus. Der Spalt zwischen den konzentrischen Zylindern ist mit einer Flüssigkeit gefüllt, wobei ein Teil des Fluids eingefärbt ist (Abb. 3.3). Die Streifendicke s_0 entspricht dann gerade dem Abstand der beiden Zylinder. Rotiert der innere Zylinder (Radius r_i) mit der Winkelgeschwindigkeit ω, stellt sich im Spalt das Geschwindigkeitsfeld

$$v_r = 0, \quad v_\varphi = r\omega(r), \quad v_z = 0, \tag{3.4}$$

ein und die Streifendicke reduziert sich. Bei schmalen Spalt ist die Schergeschwindigkeit im Feld annähernd konstant und die Scherung gleicht lokal der einer einfachen Scherströmung

$$\gamma = r_i \frac{\omega}{s_0}\, t. \tag{3.5}$$

Nach n ganzzahligen Umdrehungen des inneren Zylinders kann die aktuelle Streifendicke s gemäß Abb. 3.3 aus

$$\frac{s_n}{s_0} = \frac{1}{2n}.$$ (3.6)

berechnet werden. Demnach wären $n = 1$ Umdrehung für eine Halbierung der Schichtdicke und $n = 50$ Umdrehungen für die Reduzierung auf $s/s_0 = 1/100$ notwendig.

Reine Dehnströmungen sind dadurch gekennzeichnet, daß die Fluidelemente gerade nicht drehen und in drei zueinander senkrechten Richtungen gedehnt oder gestaucht werden. In einer ebenen, isochoren Dehnströmung mit der Dehngeschwindigkeit $\dot{\epsilon}_E$ in der Form

$$v_x = \dot{\epsilon}_E x, \quad v_y = -\dot{\epsilon}_E y, \quad v_z = 0$$ (3.7)

bleibt ein quaderförmiges Flächenelement daher zu allen Zeiten quaderförmig. Es wird in eine Richtung mit der Geschwindigkeit $\dot{\epsilon}_E$ verlängert, in der dazu senkrechten Richtung mit $-\dot{\epsilon}_E$ verkürzt und bleibt in der dritten Richtung undeformiert. Durch Integration der Dehngeschwindigkeit über die Zeit erhält man die Dehndeformation

$$\epsilon_E = \int_0^t \dot{\epsilon}_E(\tau)\, d\tau,$$ (3.8)

aus der sich dann eine exponentielle Verringerung der Streifendicke ergibt:

$$\frac{s}{s_0} = \exp(-\epsilon_E).$$ (3.9)

Entsprechendes gilt für die biaxiale Dehnströmung,

$$v_x = \dot{\epsilon}_B x, \quad v_y = -\frac{\dot{\epsilon}_B}{2} y, \quad v_z = -\frac{\dot{\epsilon}_B}{2} z,$$ (3.10)

in der ein Fluidelement in eine Richtung mit der Geschwindigkeit $\dot{\epsilon}_B$ gedehnt und in die anderen beiden Richtungen mit $\dot{\epsilon}_B/2$ gestaucht wird. Die Reduzierung der Streifendicke ergibt sich zu

$$\frac{s}{s_0} = \exp\left(-\frac{\epsilon_B}{2}\right).$$ (3.11)

Ein direkter Vergleich der Effektivität von Scherung, ebener Dehnung und biaxialer Dehnung gelingt nicht. Zwar haben bei gleichen Werten für die Deformation $\gamma = \epsilon_B = \epsilon_E$ die ebene und die biaxiale Dehnströmung offensichtlich einen deutlich besseren Effekt als die Scherströmung, da die Streifendicke dann exponentiell abnimmt. Das Kriterium einer gleichen Deformation erkauft man sich jedoch durch einen höheren Energieeintrag in die Strömung. Unter der Prämisse gleicher Energiedissipation relativiert sich der Vorsprung der Dehnströmungen. Grundsätzlich gilt jedoch bei newtonschen

Flüssigkeiten, je höher die Deformationen im Strömungsfeld sind, desto effizienter sind die Dehnanteile.[2]

Bei den hier betrachteten Strömungsformen in Reinkultur mit zeitlich konstanten Randbedingungen von einem Mischprozeß im eigentlichen Sinne zu sprechen, ist noch verfrüht. Zwar reduzieren beide eine für das Mischen relevante Größe, die Schichtdicke, aber diese wird entscheidend von der Anfangslage des markierten Stoffes beeinflußt. Statt bei der Scherströmung Fluidvolumina quer zur Strömungsrichtung zu markieren, wäre auch eine Kennzeichnung in Richtung des Stromfelds denkbar. Dies hätte allerdings zur Konsequenz, daß sich die Schichtdicke gar nicht ändert.

Um das Ziel des Mischens, d.h. eine Homogenisierung allein durch Konvektion zu erreichen, muß einerseits gewährleistet sein, daß alle Fluidelemente unabhängig von ihrer ursprünglichen Lage eine Deformation erfahren und andererseits sich die Deformation zeitlich und möglichst auch örtlich verändert. Bei einer Couetteströmung ließe sich dies bspw. durch periodischen oder aperiodischen Wechsel der Drehrichtung sowie eine Veränderung der Drehzahl realisieren.

3.1.2 Distributives Mischen

Die zweite Möglichkeit zum effektiven Vermischen von Fluiden ist das distributive Mischen. Die prinzipielle Wirkungsweise beim *Zerteilen* und *Zusammenfügen* eines Fluidstroms zeigt die Abb. 3.4. Sie stellt das Modell eines bewegungslosen Mischer dar, bei dem das markierte Flächenelemente idealerweise in der Mitte getrennt und durch geeignete Strömungsführung umgelagert wird. Durch wiederholtes Anwenden dieses Prinzips ergibt sich bei dieser Modellbetrachtung eine Reduzierung der Schichtdicke

$$\frac{s_n}{s_0} = \frac{1}{2^n} \tag{3.12}$$

nach n Operationen. Bei einem solchen idealen Mischer beschreibt die relative Streifendicke den Zustand der Mischung vollständig. Prinzipiell kann jede gewünschte Streifendicke bis hin zur molekularen Größenordnung erreicht werden.

Natürlich tritt der distributive Mischvorgang nicht in dieser isolierten Form allein auf. In jeder Strömung mit Reibungseinfluß werden Fluidelemente auch deformiert. Entscheidend ist aber in diesem Zusammenhang, daß in die Gl.(3.12) weder die Strömungsform noch die rheologischen Eigenschaften der Flüssigkeit eingehen.

---

[2] Bei nicht-newtonschen Flüssigkeiten kann dies nicht uneingeschränkt gesagt werden. Durch die Verringerung der Scherviskosität mit steigender Scherrate (vergl. Abb. 2.6) entstehen im Strömungsfeld deutlich größere Geschwindigkeitsgradienten und damit Gebiete mit hohen Scherdeformationen. Hingegen steigt die Dehnviskosität bei Erhöhung der Dehnrate i. allg. zunächst an und fällt erst später deutlich ab.

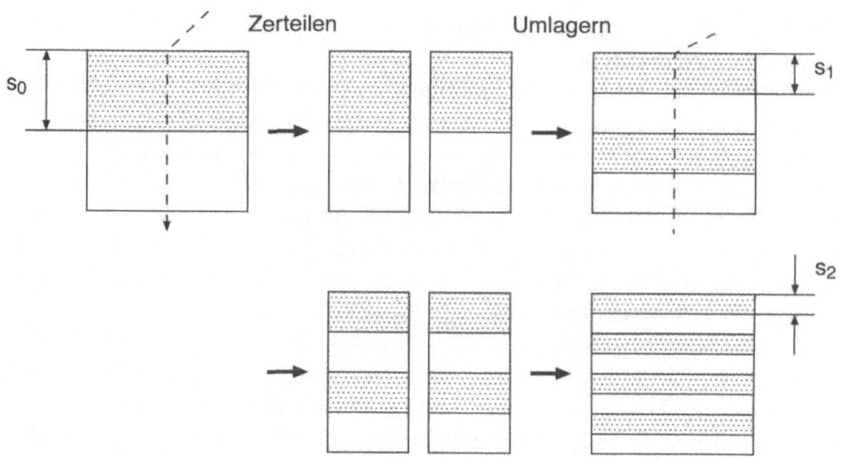

Abb. 3.4: Prinzipielle Mechanismen beim distributiven Mischen: *Zerteilen* und *Zusammenfügen*

3.2 Mischzustände

Um die Güte eines Mischprozesses bewerten zu können, muß man zunächst den Begriff des Mischzustands einführen [40]. Eine vollständige Beschreibung des Zustands einer Mischung erfordert die Spezifikation der Größe, der Gestalt, der Orientierung und der räumlichen Lage eines jeden Fluidvolumens [88]. Dies gelingt natürlich nur in Ausnahmefällen, i. allg. wird man nur partiell Informationen erhalten. Gerade bei dreidimensionalen Mischprozessen in komplexen Aggregaten ist schon die Bestimmung des Geschwindigkeitsfeldes sehr schwierig. Letztendlich ist in vielen Anwendungen eine komplette Beschreibung auch nicht notwendig. So kann bei molekulardispersen Systemen der Zustand der Mischung durch die Angabe der zeitlichen und örtlichen Konzentrationsverteilungen der Komponenten innerhalb des Apparats beschrieben werden [91].

In Abb. 3.5 sind verschiedene Mischzustände modellhaft dargestellt. Ausgehend von dem unvermischten Ausgangszustand (Fall a) wird durch das Mischorgan zunächst ein nur teilweise vermischter Zustand (Fall b) erreicht. Der Fall (c) zeigt eine stochastische Homogenität. Hierbei sind die beiden Komponenten über den gesamten Raum verteilt. Ist diese Verteilung vollkommen gleichmäßig, dann wird von einer idealen Mischung oder idealen Homogenität gesprochen (Fall d). In einem realen Mischprozeß ist der ideale Mischzustand nicht zu erreichen. Man kann aber von einer vollständigen Mischung sprechen, wenn die beiden Komponenten so verteilt sind, daß die Wahrscheinlichkeit, einen Anteil der einen Komponente zu finden, an jedem Ort dieselbe ist. Dies trifft für verschiedene Anordnungen der Komponenten zu, im Modellfall auch für die Fälle (c) und (d). Eine Zufallsverteilung ei-

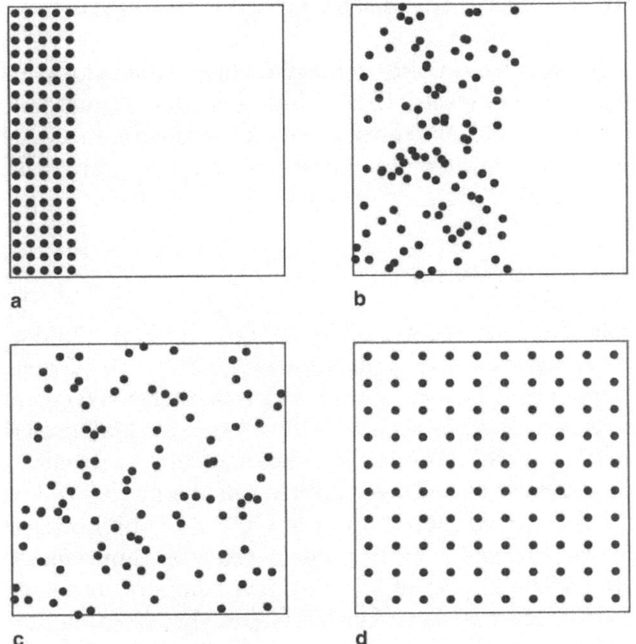

Abb. 3.5: Schematische Darstellung der Mischzustände: (**a**) unvermischt, (**b**) teilweise vermischt, (**c**) stochastisch vermischt, (**d**) ideale Mischung

ner vollständigen Mischung kann also unterschiedliches Aussehen annehmen, auch wenn die o.g. Wahrscheinlichkeiten übereinstimmen. Aus naheliegenden Gründen ist man in der Praxis bemüht, dem Fall der idealen Mischung möglichst nahe zu kommen.

Qualitativ kann der Mischzustand durch die Bewertung nach Augenschein beurteilt werden. Dies eignet sich besonders bei Mischkomponenten mit farblichen Unterschieden, die in der Mischung oder an Probekörpern visuell erfaßt werden. Ein Beispiel ist die sogenannte Ausstreichmethode, bei der eine flüssige Probe auf eine Unterlage ausgestrichen und auf Inhomogenitätsstellen untersucht wird. Die Ergebnisse einer solchen Bewertung sind natürlich subjektiv und sie ermöglichen lediglich eine grobe Beurteilung, wobei die Erfahrungen des Untersuchungspersonals eine zentrale Rolle spielen. Definiert man vorher eine Bewertungsskala, so kann dieser subjektive Einfluß auf das Meßergebnis reduziert werden. So erfolgt bei Martin [58] die Beurteilung des Mischungszustand von Kunststoffschmelzen anhand eines Vergleichs von Proben mit einem Standardsatz, der aus neun Klassen besteht.

Neben diesen qualitativen Bewertungen des Mischzustands ist jedoch insbesondere eine quantitative und gleichzeitig objektive Beurteilung des Mischvorgangs erforderlich.

3.3 Überblick über die klassischen Konzepte

Aus der Praxis heraus haben sich unterschiedliche Konzepte zur Bewertung von Mischzuständen entwickelt. Diese Methoden bilden aus Teilinformationen des Mischvorgangs Gütekriterien, um auf den gesamten Mischprozeß zu schließen. Im folgenden werden die hauptsächlich angewandten Verfahren erläutert.

3.3.1 Verweilzeitverteilung

Bei der Verwendung einer Verweilzeitverteilung als Maß für die Mischgüte steht die Vorstellung im Vordergrund, daß verschiedene in einen Apparat eintretende Volumenelemente auf ganz unterschiedlichen Wegen und mit unterschiedlichen Geschwindigkeiten durch das Aggregat laufen.[3] Damit ergibt sich keine konstante Zeit, die die Fluidelemente dort verweilt haben, sondern vielmehr ein mehr oder weniger breites Spektrum von Zeiten. Dies wiederum hat entscheidenden Einfluß auf die Güte des Mischprozesses und ist damit eine für den Anwender wichtige Prozeßgröße. Man denke an eine gewisse Mindestverweilzeit, die ein Fluid in einem Apparat für einen Reaktionsprozeß verbleiben muß. Andererseits ist bei der Verarbeitung von thermisch empfindlichen Polymeren eine möglichst kurze Verweilzeit anzustreben. Das Spektrum der Zeiten sollte dabei verständlicherweise möglichst eng sein.

Die Verweilzeitverteilungsfunktion (RTD residence time distribution) wurde zuerst in [24] eingeführt. Dabei ist zwischen zwei unterschiedlichen Betrachtungsweisen zu unterscheiden. Die innere RTD-Funktion $g(t)\,dt$ ist der Bruchteil des Fluidvolumens im Apparat mit einer Verweilzeit zwischen t und $t + dt$, während $f(t)\,dt$ den Anteil des austretenden Fluidstroms mit der Verweilzeit zwischen t und $t + dt$ bezeichnet. Die zugehörigen kumulierten Funktionen sind durch

$$G(t) = \int_0^t g(\tau)d\tau \tag{3.13}$$

$$F(t) = \int_{t_0}^t f(\tau)d\tau \tag{3.14}$$

definiert [88]. Mit t_0 wird die kürzeste Verweilzeit im Apparat bezeichnet. Sie ist als Systemtotzeit zu verstehen. Aus den Definitionen folgt, daß $G(\infty) = F(\infty) = 1$ gilt. Die beiden RTD-Funktionen stehen unter der Annahme eines konstanten Volumenstroms miteinander in Zusammenhang, und zwar über die Bilanz:

---

[3] Im Bereich der chemischen Reaktionstechnik spielt die Verweilzeitverteilungsfunktion eine ganz zentrale Rolle. Dies schlägt sich nicht nur in einer Vielzahl der in der Literatur verfügbaren Zeitschriftartikel zu diesem Thema nieder sondern insbesondere auch in der Berücksichtigung diese Gebietes in Monographien [50, 26, 97, 4].

$$\dot{V}\,(1 - F(t)) = V g(t).$$ (3.15)

Gleichung (3.15) kann folgendermaßen gedeutet werden. Zur Zeit $t_0 = 0$ wird der gesamte in das System eintretende Volumenstrom eingefärbt. Zu jeder Zeit $t > t_0$ stimmt die Differenz zwischen eintretenden und austretenden Volumenanteil der markierten Flüssigkeit mit dem Volumen überein, welches an gefärbter Flüssigkeit im Apparat vorhanden ist.

Das erste Moment der äußeren RTD-Funktion gibt die mittlere Verweilzeit an,

$$\bar{t} = \int_{t_0}^{\infty} t\, f(t)\, dt = \frac{V}{\dot{V}},$$ (3.16)

welche sofort auch aus dem Quotienten des Apparatevolumens V und dem Volumenstrom $\dot{V}$ berechnet werden kann. Mit dieser mittleren Verweilzeit wird im folgenden die aktuelle Zeit t entdimensioniert:

$$\theta = \frac{t}{\bar{t}}.$$ (3.17)

Als weitere statistische Größe wird vielfach noch die Varianz σ^2 eingeführt. Die daraus gebildete Standardabweichung σ ist ein Maß für die Streuung der Verteilung um die mittlere Verweilzeit $\bar{t}$ und ist definiert zu (zweites Moment):

$$\sigma^2 = \int_0^{\infty} (t - \bar{t})^2\, f(t)\, dt.$$ (3.18)

Bei der Anwendung der obigen Beziehungen gelangt man schnell zu gewissen analytischen Grenzfällen, zwischen denen sich die Verweilzeitverteilungen realer Apparate bewegen. In der Abb. 3.6 sind die Verläufe drei solcher Verteilungsfunktionen dargestellt. Beim *idealen Strömungsrohr* geht man von einer über den Rohrquerschnitt konstanten Strömungsgeschwindigkeit aus. Dann erhält man für die äußere RTD-Funktion

$$f(\theta) = \delta(\theta - 1) \quad \text{bzw.} \quad F(\theta) = \begin{cases} 0 & \text{für } \theta < 1 \\ 1 & \text{für } \theta \geq 1 \end{cases}.$$ (3.19)

Hier stellt $\delta(t)$ die Diracsche Deltafunktion dar. Nach Erreichen der Totzeit springt die Summenfunktion auf den Maximalwert. Betrachtet man dagegen ein *laminar durchströmtes Rohr*, so ergibt sich aufgrund des über den Querschnitt parabolischen Geschwindigkeitsprofils eine Verweilzeitverteilung der Form

$$f(\theta) = \frac{1}{2\theta^3} \quad \text{bzw.} \quad F(\theta) = \begin{cases} 0 & \text{für } \theta < 0.5 \\ 1 - \dfrac{1}{4\theta^2} & \text{für } \theta \geq 0.5 \end{cases}.$$ (3.20)

Die ersten Volumenelemente erreichen den Apparateausgang nach der kürzesten Verweilzeit $\theta = 0.5$. Danach steigt die Funktion $F(\theta)$ steil an und nähert sich algebraisch dem Maximalwert an (vergl. Abb. 3.6). Bei einem *idealen Rührkessel* geht man von einer spontanen Vermischung aus. Die Verweilzeitverteilungen hängen exponentiell von der dimensionslosen Zeit ab:

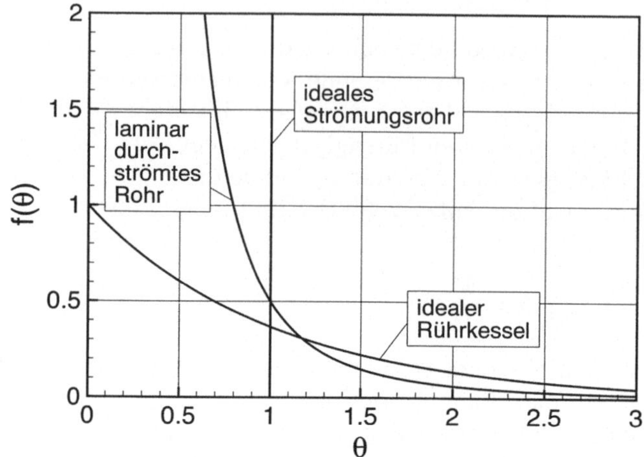

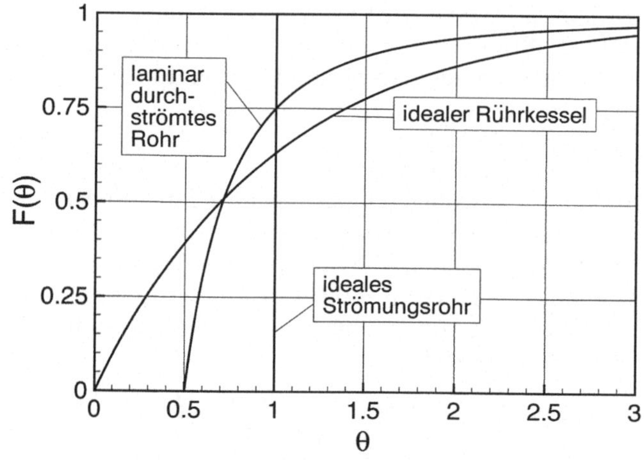

Abb. 3.6: Äußere Verweilzeitverteilungen $f(\theta)$ (a) und kumulierte Verweilzeitverteilungsfunktionen $F(\theta)$ (b) in Abhängigkeit von der dimensionslosen Zeit Θ für ideale Apparate

$$f(\theta) = e^{-\theta} \quad \text{bzw.} \quad F(\theta) = 1 - e^{-\theta}. \tag{3.21}$$

Das Verweilzeitverteilungsspektrum ist relativ breit. 63% des Volumenanteils haben eine kürzere Zeit im Apparat verbracht als die mittlere Verweilzeit $\theta = 1$. Nach $\theta \approx 5$ hat nur noch 1% des Volumenstroms den Apparat noch nicht verlassen.

Die experimentelle Bestimmung der Verweilzeitverteilung eines Apparate birgt gewisse Schwierigkeiten. Laut Definition müßten kleinste Volumenelemente am Eintritt in den Apparat markiert und ihre Verweildauer gemessen werden. Dies läßt sich jedoch nur in einer gewissen Näherung realisieren. Am Eintritt wird das Fluid mit Tracern, auch als Markierungssubstanz oder Spurstoff bezeichnet, gekennzeichnet. Am Ende des Apparats werden diese Tracer registriert, geeignet gezählt und gewichtet. Für den Erfolg der Messung ist es ausschlaggebend, daß die Tracer der Strömung folgen und keine Eigendynamik entwickeln. Weiterhin dürfen die Zusatzstoffe nicht mit dem Fluid reagieren und müssen auch in geringster Konzentration leicht zu messen sein. Typische Tracer sind radioaktive Partikel, ultraviolett empfindliche Pigmente, Farbstoffe oder Substanzen, die sich durch elektrische, magnetische oder thermische Eigenschaften von dem Fluid unterscheiden. Im wissenschaftlichen, aber auch im industriellen Bereich werden schwach radioaktive Stoffe bevorzugt verwendet, da diese Tracer eine hohe Nachweisempfindlichkeit besitzen, einfach nachzuweisen sind (auch durch dicke Behälterwände hindurch) und da sie in Ihren Eigenschaften auch bei aggressiven Medien oder bei hohen Temperaturen nicht beeinträchtigt werden. Zur Vermeidung unzulässiger Strahlungsemissionen werden nur Nuklide mit Halbwertszeiten im Stundenbereich eingesetzt.

Die Einleitung des Tracermaterials in den Apparat geschieht am häufigsten auf zwei unterschiedlichen Arten [97]. Bei der *Pulsfunktion* wird zum Zeitpunkt $t = 0$ der gesamte Tracer in einer kürzest möglichen Zeit dem zuströmenden Fluid injiziert. Im Idealfall läßt sich das Eingangssignal in den Apparat dann mathematisch durch eine Diracsche Deltafunktion beschreiben. Am Ausgang des Apparat kann dann nach gewissen Normierungen direkt die Verteilungsfunktion $f(t)$ gemessen werden. Die Schwierigkeit bei einer solchen Versuchsführung besteht in der Realisierung der kurzen Injektionszeit und der räumlich homogenen Verteilung. Die Injektionszeit muß vernachlässigbar klein sein gegenüber der Prozeßzeit, also der mittleren Verweilzeit $\bar{t}$. Bei der *Sprungfunktion* wird der Tracer zum Zeitpunkt $t = 0$ kontinuierlich in einheitlicher Konzentration zugeführt. Dies ist im Experiment oft einfacher zu handhaben als die Pulsfunktion. Am Apparateausgang wird dann die kumulierte Verweilzeitfunktion $F(t)$ gemessen. Andere Eingangssignale wie eine Sinusfunktion oder Sägezahnfunktion kommen wegen Schwierigkeiten bei der experimentellen Realisierung weniger oft zum Einsatz.

3.3.2 Verteilung der Scherdeformation

Analog zur äußeren Verweilzeitverteilung kann für einen kontinuierlichen Mischprozeß auch eine Verteilungsfunktion für die Scherdeformation (strain distribution function, SDF) definiert werden. Hierbei ist $f(\gamma)\,d\gamma$ der Anteil des austretenden Volumenstroms, der eine Scherdeformation zwischen γ und $\gamma + d\gamma$ erfahren hat. Die kumulierte SDF

$$F(\gamma) = \int_{\gamma_0}^{\gamma} f(\gamma')d\gamma' \tag{3.22}$$

beschreibt den Volumenstromanteil, der eine Deformation kleiner oder gleich γ erlebt hat. Entsprechend kann eine mittlere Deformation

$$\bar{\gamma} = \int_{\gamma_0}^{\infty} \gamma\, f(\gamma)\, d\gamma \tag{3.23}$$

angegeben werden.

Wie die RTD kann auch die SDF prinzipiell aus den Geschwindigkeit im Strömungsraum des Mischapparats berechnet werden. In der Regel benötigt man zur Ermittlung der SDF aber ein größeres Maß an kinematischer Information aus dem Stromfeld als es bei der Berechnung der RTD erforderlich ist. Beispielsweise hängt die RTD bei einer axialen Druckströmung zwischen konzentrischen, rotierenden Zylindern nur von der axialen Komponente der Geschwindigkeit ab, die SDF jedoch zusätzlich auch von der tangentialen Komponente [88].

Für einige zweidimensionale laminare Strömungen newtonscher Flüssigkeiten lassen sich die Verteilungsfunktionen der Scherdeformation analytisch angeben, eine Auswahl ist in Tabelle 3.1 verzeichnet. Hierbei sind h der Abstand zwischen zwei parallelen Platten, v_0 die Schleppgeschwindigkeit der oberen Platte, v_{Max} die maximale Geschwindigkeit im Stromfeld, r_0 der Radius des Rohres und L die Abmessung in Strömungsrichtung.

Tabelle 3.1: Verteilungsfunktion der Scherdeformation einfacher Strömungen newtonscher Flüssigkeiten: v_z axiale Geschwindigkeit, $F(\gamma/\bar{\gamma})$ Scherdeformationsfunktion SDF, $\bar{\gamma}$ mittlere Scherdeformation, γ_0 minimale Scherdeformation

	Kanalströmung		Rohr-
	Schlepp- anteil	Druck- anteil	strömung
v_z	$\frac{y}{h} v_0$	$4\frac{y}{h}\left(1 - \frac{y}{h}\right) v_{Max}$	$\left(1 - \frac{r^2}{r_0^2}\right) v_{Max}$
SDF $F\left(\frac{\gamma}{\bar{\gamma}}\right)$	$1 - \left(\frac{\bar{\gamma}}{2\gamma}\right)^2$	$\frac{C}{1+\sqrt{1+C^2}}\left(1 + \frac{1}{1+\sqrt{1+C^2}}\right)$ $C = 3\gamma/2\bar{\gamma}$	$1 - \frac{2}{1+C^2/2+\sqrt{1+C^2}}$ $C = 8\gamma/3\bar{\gamma}$
$\bar{\gamma}$	$2L/h$	$3L/h$	$8L/(3\, r_0)$
γ_0	L/h	0	0

Anders als bei den Druckströmungen im Rohr und zwischen den parallelen Platten besitzt die Schleppströmung einen endlichen Wert für die kleinste Scherdeformation γ_0. Zwar ist in dieser Strömungsform die Scherrate $\dot{\gamma}$ konstant, man erhält jedoch einen großen Bereich für die Scherdeformation durch das breite Spektrum der Verweilzeiten. So ändert sich γ umgekehrt proportional mit dem Abstand von der unteren unbewegten Platte. Abbildung 3.7 verdeutlicht den Verlauf der SDF für die in Tabelle 3.1 betrachteten Strömungen. Die Unterschiede zwischen den beiden druckinduzierten Strömungen im Kanal und im Rohr sind relativ gering. Der Druckgradient hat also einen entscheidenden Einfluß sowohl auf die SDF als auch auf die mittlere Scherdeformation.

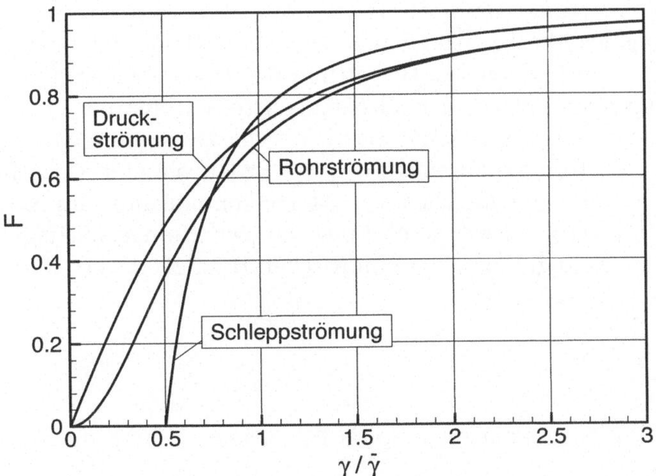

Abb. 3.7: Kumulierte Scherdeformationsverteilung (SDF) einfacher Strömungen newtonscher Flüssigkeiten

Die Kanalströmung ist ein einfaches Modell für einige Mischprozesse im Bereich der Polymerverarbeitung. So lassen sich damit die Strömungsverhältnisse beispielsweise in Einwellenextrudern in gewisser Näherung nachbilden. Realistisch ist hierbei die Überlagerung des Druck- und Schleppanteils der Strömung. In diesem Fall gelingt die explizite Angabe der Verteilung der Scherdeformation $F(\gamma)$ in Abhängigkeit von der Scherung nicht, sondern nur in Abhängigkeit von dem lokalen Abstand zu der oberen Platte. Dieser geht in komplizierter Weise in die Scherung selbst ein. Berechnungen in [88] zeigen, daß solange der Druck in Richtung der Schleppgeschwindigkeit der oberen Platte abfällt, die SDF zwischen den beiden Grenzfällen der Druck- und Schleppströmung liegt. Ein positiver Druckgradient dagegen bewirkt eine Einengung der SDF und ein Anwachsen der mittleren Scherdeformation. Dies begünstigt den Mischverlauf, da aus experimenteller Erfahrung heraus i. allg. eine breite Verteilung der Scherdeformation zu einem schlechten Mischergebnis führt. Der experimentelle Messung der Scherdeformation selbst und deren Verteilung ist jedoch schwierig.

3.3.3 Statistische Bewertung des Mischzustands

Die bisherigen Methoden zur Beschreibung des Mischvorgangs bezogen sich im wesentlichen auf spezielle Eigenschaften der Strömungen. Aus gemessenen oder berechneten Größen (Verweilzeit, Scherdeformationsverteilung) wird auf die Mischgüte geschlossen, ohne auf den Mischzustand selbst am Ende des Apparats bzw. der Mischzeit zu achten. Eine quantitative Bewertung dieser Endzustände (z.B. der in Abb. 3.5 gezeigten) erhält man durch eine statistische Auswertung. Denn oft ist es unmöglich, das gesamte Mischgut zur Beurteilung des Mischzustands heranzuziehen. Dann müssen endlich viele Messungen N an Proben zur Bewertung des Homogenisierungszustandes des ganzen Mischguts dienen. Die Größe der Probenvolumina V_i richtet sich dann nach dem konkreten Mischproblem. Bei der Herstellung von Pillen aus pharmazeutischen Komponenten werden die Probevolumina sicherlich deutlich kleiner sein als beim Mischen von Mörtelkomponenten für Bauzwecke. In die in der Literatur verwendeten Maße für den Homogenitätsgrad gehen zwei statistische Kenngrößen einer empirischen Häufigkeitsverteilung ein: der arithmetische Mittelwert

$$\bar{x} = \frac{1}{V} \sum_{i=1}^{N} x_i V_i \tag{3.24}$$

und als Streuungsparameter die empirische Varianz σ^2 bzw. die Standardabweichung σ

$$\sigma^2 = \frac{1}{V} \sum_{i=1}^{N} (x_i - \bar{x})^2 V_i, \tag{3.25}$$

als integrales Maß für die Abweichung vom Mittelwert $\{x_i - \bar{x};\ i = 1, \ldots, N\}$. Hierbei ist x_i ein Merkmal der Mischung, beispielsweise eine Farbkonzentration, der Index i numeriert die Proben und $V = N \cdot V_i$ bezeichnet das gesamte Volumen.

Wendet man diese statistischen Größen z.B. auf die vier Mischzustände in Abb. 3.5 an, so sind die arithmetischen Mittelwerte natürlich gleich groß. Die empirische Varianz bzw. die Standardabweichung nehmen mit ansteigender Vermischung i. allg. monoton ab und erreichen im Fall der idealen Homogenität die Werte Null. So läßt sich der Fortschritt der Vermischung durch Beobachtung der Standardabweichung in Abhängigkeit der Zeit erkennen.

Gelegentlich wird neben der Varianz der einzelnen Mischzustände auch die Kovarianz zwischen den Verteilungen des Merkmals x_i für unterschiedliche

Mischzustände gebildet. Hierzu trägt man alle $x_i(t_1)$ zur Zeit t_1 und alle $x_i(t_2)$ zur späteren Zeit $t_2 > t_1$ der Größe nach sortiert in einem sogenannten Streuungsdiagramm als Punkte ein. Ein Maß für den linearen Zusammenhang der Merkmale liefert der empirische Korrelationskoeffizient

$$r = \frac{1}{\sigma(t_2)\,\sigma(t_1)} \frac{1}{V} \sum_{i=1}^{N} (x_i(t_2) - \bar{x}) \cdot (x_i(t_1) - \bar{x})\, V_i \qquad (3.26)$$

der die auf den Bereich $-1 \leq r \leq 1$ normierte Kovarianz darstellt. Im Zusammenhang mit der Bewertung des Fortschritts der Vermischung macht nur der positive Bereich von r Sinn. Hohe Korrelationskoeffizienten nahe der 1 weisen auf stark korrelierte Zustände hin, d.h. zwischen den beiden Mischzuständen sind die Häufigkeitsverteilungen des Merkmals ähnlich. Dagegen zeigt $r = 0$ die stochastische Unabhängigkeit der Zustände an. Die Varianz und die Kovarianz können sich durchaus unterschiedlich entwickeln. Selbst bei ähnlichen Häufigkeitsverteilungen lassen sich durch das Mischen noch Unterschiede des Merkmals abbauen.

Bei der stochastischen Homogenität ist das Mischungsmerkmal normalverteilt. Die charakteristischen Kenngrößen sind von der Größe des Probenvolumens und von der mittleren Gemischkonzentration abhängig. Um diesen Mangel zu beheben und eine Vergleichbarkeit zwischen verschiedenen Messungen zu erreichen, sind in der Literatur viele verschiedene (ca. 50!) Definitionen zu finden. Sie wurden vorwiegend in den 60er Jahren bei experimentellen Untersuchungen entwickelt und sind noch heute in Gebrauch. Einige häufig verwendete Mischungsmaße auf der Basis der Standardabweichung sind in der Tabelle 3.2 zusammengefaßt.

Die Einführung der maximalen Konzentration x_{max} bzw. des maximalen Konzentrationsunterschieds Δx_{max} in die Maße 5 und 6 ist ein Zugeständnis an die Anforderungen der Praktiker, da ein mit diesen Größen gebildetes Mischungsmaß praxisgerechter sein soll [38]. Die Forderung einer einheitlichen Darstellung des Mischungsmaßes im Wertebereich zwischen 0 und 1 führt auf normierte Definitionen, etwa diejenige mit der empirischen Varianz σ_0, die mit den Werten am Anfang des Mischvorgangs gebildet wird. Weiterhin geht in S_N (Maß-Nr. 4) die Varianz einer sog. Zufallsmischung

$$\sigma_z = \bar{x}(1 - \bar{x})\frac{V_P}{\bar{v}}$$

ein [27]. Diese faßt das Volumen der Moleküle $\bar{v}$ der zu mischenden Flüssigkeiten als Referenzgröße auf und bezieht diese auf die Größe des Probenvolumens V_P. Allerdings ist V_P in der Regel sehr viel größer als $\bar{v}$, so daß σ_z sehr klein wird und damit der Einfluß auf das Mischgütemaß verschwindend gering ist.

Auch alle anderen Maße lassen sich bei geschickter Normierung in den oben genannten Wertebereich bringen. Dann unterscheiden sich die Definitionen letztendlich nur in der Gewichtung der Abweichung vom Mittelwert. So werden große Abweichungen bei den Maßen, in die die Varianz eingeht,

Tabelle 3.2: Auswahl von empirischen Mischungsmaßen

Nr.	Mischungsmaß	Definition	Literatur
1	Variationskoeffizient	$V_c = \dfrac{\sigma}{\bar{x}}$	[23]
2	Homogenitätsparameter	$H = \dfrac{\sigma^2}{\bar{x}}$	
3	Segregationsmaß	$S = \dfrac{\sigma^2}{\sigma_0^2}$	[36], [25]
4	Normiertes Segregationsmaß	$S_N = \dfrac{\sigma^2 - \sigma_z^2}{\sigma_0^2 - \sigma_z^2}$	
5	Mischungsgrad	$M = 1 - \dfrac{\Delta x_{max}}{\sigma_0}$	[38]
6	Variationsgrad	$V_g = \dfrac{1}{N} \sum\limits_{i=1}^{N} \dfrac{x_{max} - \bar{x}}{\bar{x}}$	[95]

stärker betont. Die Auswahl des Mischungsmaßes kann daher nur dem Anwender und seinen spezifischen Anforderungen überlassen werden.

Die Schwierigkeiten bei der Auswahl des *richtigen* Mischungsmaßes und der gravierende Einfluß der Größe des Probenvolumens verdeutlichen die Zahlenwerte in der Tabelle 3.3. Hier sind die statistischen Kenngrößen und die daraus gebildeten Mischungsmaße für die in Abb. 3.5 dargestellten Mischzustände angegeben. Das Volumen des Mischguts degeneriert hier auf die sichtbare Fläche. Als Probenmerkmal wurde aus der Anzahl der Partikel N_i in einem Probenquerschnitt A_i eine relative Partikelkonzentration

$$c_i = \frac{N_i/A_i}{N_0/A}$$

gebildet, deren Mittelwert

$$\bar{c} = \frac{1}{A} \sum_{i=1}^{N} c_i A_i$$

sich dann zu 1 ergibt. Die Gesamtzahl der Partikel beträgt $N_0 = 100$. Zur Berechnung der Standardabweichung σ der einzelnen Zustände wurde die Fläche in I gleichgroße Teilflächen unterteilt. Durch Zählung der Partikel in diesen Probenflächen ergibt sich die relative Partikelkonzentration und die Standardabweichung für den gesamten Mischzustand.

Deutlich ist die Abhängigkeit von σ von der relativen Probengröße zu erkennen. Im Extremfall, daß die Probe den gesamten Mischraum einnimmt ($I = 1$), werden natürlich alle 4 Zustände gleich bewertet, und zwar mit dem optimalen Wert der homogenen Gleichverteilung $\sigma_{(a)} = \sigma_{(b)} = \sigma_{(c)} = \sigma_{(d)} = 0$. Bei Verkleinerung der Probenflächen steigen die Standardabweichungen an. Ein und derselbe Mischzustand wird also mit den Kenngrößen ganz unterschiedlich bewertet. Statistisch signifikante Aussagen sind jedoch nur dann zu erwarten, wenn die Anzahl der Probenflächen I klein gegen die Gesamtzahl der Partikel N_0 bleibt. Daher haben die letzten beiden Spalten in Tabelle 3.3 nur prinzipiellen Charakter. Doch an den angegebenen Werten für ausgewählte Mischungsmaße sieht man, daß sich die Größe der Probe nach wie vor bemerkbar macht.

Tabelle 3.3: Statistische Kenngrößen und einige daraus gebildete Mischungsmaße für das Beispiel in Abb. 3.5

I	1	4	9	16	25	64
$\bar{c}$	1.0	1.0	1.0	1.0	1.0	1.0
$\sigma_{(a)}$	0.0	1.0	1.420	1.732	1.549	1.824
$\sigma_{(b)}$	0.0	0.779	0.755	0.846	0.892	1.073
$\sigma_{(c)}$	0.0	0.232	0.201	0.317	0.381	0.696
$\sigma_{(d)}$	0.0	0.0	0.201	0.286	0.0	0.504
S	-	0.054	0.020	0.033	0.060	0.146
M	-	0.014	0.169	0.076	-0.130	-0.754

Die Anwendung eines der obigen Mischungsmaße erfordert die experimentelle Bestimmung der Verteilung des Tracermaterials. Ähnlich wie bei der Bestimmung der Verweilzeitverteilung wird bei den meisten Methoden als Meßgröße die Schwächung von Lichtstrahlen beim Durchgang durch das Fluid (Extinktion), der Leitwert, der pH-Wert, die Temperatur oder der Brechungsindex verwendet [91, 70]. Kontinuierlich arbeitende Sonden für die Temperatur, den Leitwert oder den ph-Wert im Mischapparat sind für hochviskose Stoffe i. allg. ungeeignet. Dann erfolgt die Messung an Probekörpern meist mit Hilfe von Bildanalysesystemen. Bei der Bestimmung des Extinktionskoeffizienten wird die Probe zwischen zwei Objektträgern gelegt (typische Schnittdicke $d_{Schnitt} \approx 40\mu m$) und mit einer Lichtquelle bestrahlt. Die lokal auftretenden Konzentrationsunterschiede des zugeführten Farbpigments werden über eine Kamera als verschiedene Grauwerte erfaßt. Mit einem Bildanalysesystem lassen sich dann die Grauwerte in einen Konzentrationsmittelwert sowie in eine Standardabweichung umrechnen. Relevante Einflußgrößen auf das Ergebnis sind hierbei vor allem die Dicke der Schnittproben und die Lage der Schnittfläche innerhalb des Probenkörpers [29]. Fast ausschließ-

lich im Laborbereich werden mit der Extinktionsmethode auch kontinuier-
liche Messungen durchgeführt. Dazu muß das gesamte Fluid am Ende des
Mischvorgangs durch einen dünnen Kanal aus zwei durchsichtigen Platten
gepreßt und mit der Lichtquelle durchstrahlt werden. Mit einem Echtzeit-
Bildanalysegerät wäre dann auch die Messung der zeitlichen Entwicklung der
Mischung möglich.

4. Mischprozeß als dynamisches System

Die Simulation eines Mischvorgangs insbesondere in komplexen Apparaten hat entscheidende Vorteile gegenüber den vorgenannten experimentellen Methoden und den analytischen Näherungsverfahren. Parameterstudien lassen sich oftmals schneller und preisgünstiger mit numerischen Verfahren durchführen als mittels eines groß angelegten Versuchsprogramms. Mischeffekte in *Reinkultur*, ohne störenden Einfluß der Meßtechnik oder der Meßumgebung lassen sich oft nur auf diese Weise extrahieren. Gerade für die Optimierung eines Mischvorgangs ist dies von entscheidender Wichtigkeit. In den meisten Mischapparaten ist die Strömung der Mischkomponenten dreidimensional, zumeist instationär und ist damit äußerst komplex. Dabei ist es erforderlich, den gesamten Mischvorgang zu erfassen, denn die analytischen Verfahren auf der Basis alleine der Scherdeformation haben nur eine sehr begrenzte Aussagekraft.

Durch die Entwicklung leistungsfähiger numerischer Verfahren einerseits und der zur Verfügung stehenden hohen Kapazität der Rechenanlagen anderseits ist es heute möglich, auch mehrdimensionale Stromfelder in komplexen Geometrien zu approximieren. So hat sich die Simulation neben dem Experiment auch im Bereich der Mischtechnik zu einer tragenden Säule bei der Erprobung neuer Techniken zum Mischen von Materialien entwickelt. Die Kenntnis des Stromfelds allein reicht jedoch zur Analyse des Mischvorgangs und zur Charakterisierung des Mischzustands nicht aus; sie ist vielmehr eine notwendige Voraussetzung, um den Mischerfolg zu quantifizieren.

Im folgenden wird deshalb davon ausgegangen, daß das Stromfeld $\mathbf{v}(\mathbf{r}, t)$ an jedem Ort und zu jeder Zeit innerhalb des Mischapparats als Funktion oder als numerische Approximation bekannt ist. Dies mag bei komplexen geometrischen Apparaturen mit einer der in Abschn. 2.3 beschriebenen Methoden erfolgt sein. Auf Basis dieser mathematischen Beschreibung der Kinematik läßt sich die Strömung mit den klassischen Mitteln veranschaulichen, was einen ersten Eindruck von dem Mischverhalten liefert. Stromlinien, Bahnlinien und Streichlinien geben Teilinformationen der Strömung wieder. Auch die aus dem Geschwindigkeitsfeld extrahierten Größen wie z.B. die Stärke der Rotation tragen zum Verständnis des Mischvorgangs bei. Doch eine quantitative Aussage über den Mischerfolg ist mit dieser Größe nur sehr bedingt möglich.

Weiterhin können zusätzliche Informationen zum Mischvorgang durch die im Apparat dissipierte Energie gewonnen werden. Bei newtonschen Stoffverhalten kann sie sogar bis auf eine Konstante auf rein kinematische Größen zurückgespielt werden. Jedoch ist der Umkehrschluß, zwei unterschiedliche Apparate mit gleichen Werten für die dissipierte Energie mischen auch gleich gut (oder schlecht), in den meisten Fällen nicht möglich.

Ziel eines Mischprozesses ist es, anfangs benachbarte Volumenelemente mit der Zeit voneinander zu entfernen und anfangs kompakte Volumina über den gesamten Strömungsraum zu verteilen. Es ist zweckmäßig, an dieser Stelle den Begriff des Partikels zu erläutern. Er soll einerseits die materiellen Punkte des Kontinuums kennzeichnen, andererseits aber auch hinreichend kleine Teile eines passiven Zusatzstoffes, welche der Fluidströmung überall und jederzeit genau folgen. Eine Analyse des Mischvorgangs kann dann anhand einer am Partikel orientierten Lagrangeschen Betrachtung erfolgen.

Das genauere Studium der Bahnen solcher Partikel kann auf überraschende Ergebnisse führen. Es zeigt sich nämlich, daß nicht nur bei komplizierter Strömungsführung, sondern auch bei ganz einfachen Geschwindigkeitsfeldern die Partikel unter gewissen Umständen auf sogenannten *chaotischen Bahnen* verlaufen können. Im Bereich der Mathematik ist der Begriff *Chaos* ganz eng mit der Theorie der dynamischen Systeme verknüpft. Schon 1963 hat Lorenz für ein System nichtlinearer gewöhnlicher Differentialgleichungen gezeigt, daß bei bestimmter Wahl der Parameter das System chaotisches Verhalten zeigt [57]. Kleinste Unterschiede in den Anfangsbedingungen führen dort zu ganz unterschiedlichen Ergebnissen, die keine Regelmäßigkeit mehr erkennen lassen. Diese Erkenntnisse und die Anwendung auf Probleme der Strömungsmechanik finden erst ab Mitte der 80er Jahre vermehrt in der Literatur Beachtung [1]. Die Bedeutung des chaotischen Systemverhaltens ist gerade im Bereich des laminaren Mischens wichtig, erhält man doch so ein tieferes Verständnis für die dort wirksamen Mechanismen.

In diesem Kapitel wird die Strömung durch den Apparat und der Mischvorgang aus der Sichtweise der Theorie der dynamischen Systeme betrachtet. Dazu werden zunächst einige grundlegende Begriffe erläutert und dann Methoden zur Analyse des System mit Bezug auf Anwendungen auf das laminare Mischen vorgestellt.

4.1 Das dynamische System

Man bezeichnet ein System als dynamisch, wenn es sich mit der Zeit verändert. Ein kontinuierliches dynamische System wird formal durch ein gewöhnliches Differentialgleichungssystem

$$\dot{\mathbf{x}} = \mathbf{f}(\mathbf{x}), \qquad \text{mit} \quad \mathbf{x}(t_0) = \mathbf{x}_0 \tag{4.1}$$

beschrieben [45].[1] Die rechte Seite $\mathbf{f}(\mathbf{x})$ ist eine auf dem euklidischen Raum $\mathbb{R}^N$ definierte Funktion (mindestens einmal integrierbar) und für die vektorwertige Funktion $\mathbf{x}$ gilt $\mathbf{x} \in \mathbb{R}^N$. Das System (4.1) ist autonom, da die Zeit t nicht explizit auftritt. Wird der Zustand des Systems in der Zukunft bei gegebenen Anfangsbedingungen eindeutig beschrieben, so bezeichnet man das System als deterministisch. Im allgemeinen Fall ist das Gleichungssystem (4.1) nichtlinear, d.h. $\mathbf{f}$ ist eine nichtlineare Vektorfunktion von $\mathbf{x}$.

Die zeitliche Entwicklung des Systems kann in dem sog. Phasenraum dargestellt werden [2]. Die verallgemeinerten Koordinaten und Impulse spannen einen n-dimensionalen Raum auf, wobei n die Anzahl der Variablen darstellt. Jeder Punkt des Phasenraums repräsentiert einen bestimmten Zustand des Systems. Zeitlich bewegt sich ein Punkt mit einer Geschwindigkeit, die durch den Vektor $\mathbf{f}$ vorgegeben ist. Die Abbildung der Bewegung eines Punktes im Phasenraum heißt Trajektorie (gebräuchlich sind auch die Bezeichnungen Phasenkurve, Bahnkurve oder Orbit). Bei einem deterministischen System verläuft jeder Punkt auf genau einer Trajektorie, so daß Trajektorien, die eine eindeutige Lösung darstellen, sich nicht zur gleichen Zeit schneiden können. Die Gesamtheit aller möglichen Bewegungen wird mit Phasenfluß bezeichnet.

Zum Verständnis dynamischer Systeme ist es nützlich, kurz an das Verhalten von linearen Systemen zu erinnern. Ein solches System kann nämlich in der Form

$$\dot{\mathbf{x}} = \mathbf{A}\mathbf{x}, \qquad \text{mit} \quad \mathbf{x}(t_0) = \mathbf{x}_0$$

geschrieben werden und besitzt im einfachsten Fall eine konstante, nichtsinguläre Koeffizientenmatrix $\mathbf{A}$. Eine allgemeine Lösung wird durch Superposition der Eigenwerte λ_i mit den zugehörigen n linear unabhängigen Eigenvektoren $\mathbf{y}_i$ bestimmt,

$$\mathbf{x}(t) = \sum_{i=1}^{n} C_i e^{\lambda_i t} \mathbf{y}_i.$$

Die Anfangsbedingungen legen die n Integrationskonstanten C_i fest. Dagegen können für nichtlineare Systeme allgemeine Lösungen nicht angegeben werden.

Die Analyse sowohl linearer als auch nichtlinearer Systeme erfolgt durch das Aufsuchen sog. singulärer Punkte $\mathbf{x}_s$. Sie sind dadurch gekennzeichnet, daß die Lösungen des Systems zeitunabhängig sind, $\dot{\mathbf{x}}_s = 0$. Das Verhalten der Trajektorien im Phasenraum in der unmittelbaren Umgebung der singulären Punkte charakterisiert den Zustand des Systems. Laufen alle Trajektorien in einer hinreichend kleinen Entfernung auf den singulären Punkt zu, ist dieser asymptotisch stabil. Divergieren die Bahnlinien, so ist $\mathbf{x}_s$ asymptotisch instabil. Dieses unterschiedliche Verhalten klassifiziert die stationären Punkte.

---

[1] Es stellt keine Einschränkung dar, daß Gl.(4.1) als Differentialgleichungssystem erster Ordnung aufgebaut ist. Jedes DGL-System höherer Ordnung läßt sich durch die Einführung zusätzliche Variablen in ein System erster Ordnung überführen.

Eine Übersicht für die wichtigsten Fälle zweidimensionaler Systeme sind z.B. in [45, 2] zu finden.

Dynamische Systeme werden weiterhin in Systeme mit Dissipation (nichtkonservativ) und Systeme ohne Dissipation (konservativ) eingeteilt. Sie unterscheiden sich dadurch, daß im dissipativen System ein Volumenelement im Phasenraum zeitlich nicht konstant bleibt, sondern für Zeiten $t \to \infty$ auf einen sog. Attraktor kontrahiert, dessen Dimension geringer ist als die des Phasenraums. Der Begriff des Attraktor wird bis heute nicht eindeutig verwendet, in der einschlägigen Literatur (z.B. [28, 46, 45]) hat sich jedoch folgende Definition durchgesetzt:

- Ein Attraktor eines Phasenflusses ist eine kompakte Menge A mit den Eigenschaften:
  - A ist invariant für alle t unter Wirkung des Phasenflusses,
  - A hat eine offene Umgebung U, die sich unter dem Phasenfluß auf A zusammenzieht,
  - A kann nicht in nichttriviale, abgeschlossene, invariante Mengen zerlegt werden,
  - der Fluß auf A ist wiederkehrend, d.h. kein Teil von A ist transient.

Viele technisch relevante Systeme sind dissipativ, deren typisches Verhalten dann mit Hilfe der Attraktoren beschrieben werden kann. Insbesondere läßt sich daran das Langzeitverhalten studieren.

Ein Beispiel aus der Mechanik verdeutlicht den Begriff des Attraktors. An einer Feder hängt im Schwerefeld der Erde eine Masse, die in vertikale Schwingungen versetzt wird. Es handelt sich hierbei um ein mechanisches System mit einem Freiheitsgrad. Der Phasenraum wird durch die Geschwindigkeit der Masse und dem Ort aufgespannt. Im idealen Fall ohne Dämpfung bewegt sich die Masse, einmal angeregt, im Phasenraum periodisch auf einer Ellipse (Abb. 4.1). Kommen dämpfende Einflüsse wie z.B. Luftreibung hinzu, verringert sich die Amplitude der Auslenkung kontinuierlich, bis die Masse schließlich im Gleichgewichtszustand verharrt. Im Phasenraum degeneriert die Ellipse zu einer Spirale, die in einem Punkt, dem Punktattraktor, endet. Wird die Masse periodisch angeregt, um den Energieverlust durch die Reibung zu kompensieren, kann das System nach einer gewissen Einlaufphase einem Grenzzyklus (ebenfalls ein Attraktor) zustreben, der dann periodisch durchlaufen wird.

In drei- oder mehrdimensionalen Phasenräumen können daneben noch Torusattraktoren und sogenannte seltsame Attraktoren auftreten. Letztere sind gekennzeichnet durch nichtvorhersagbares, chaotisches Verhalten. Benachbarte Trajektorien auf dem seltsamen Attraktor divergieren exponentiell, aber der Attraktor bewahrt seine topologische Struktur, ist also entsprechend der Definition invariant unter dem Phasenfluß.

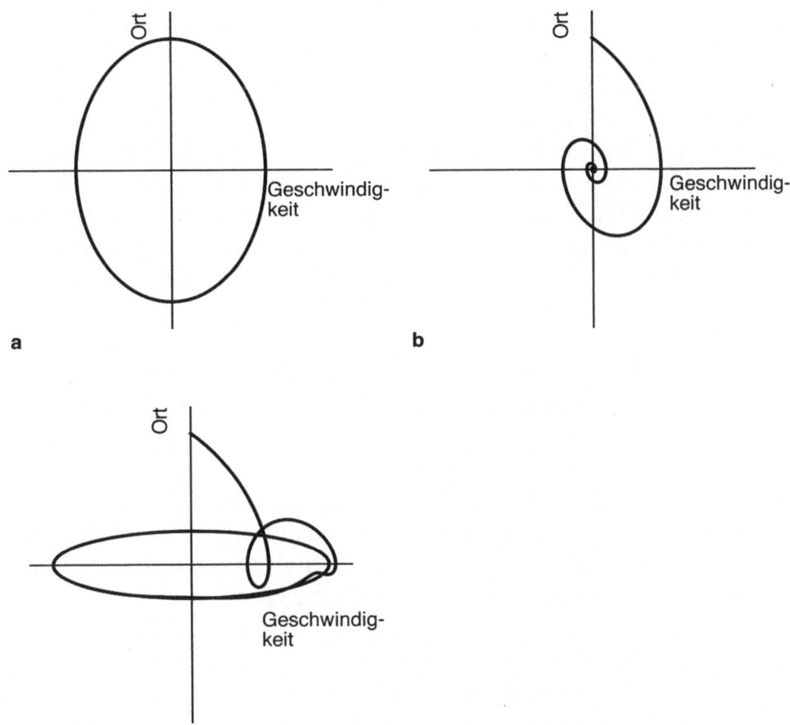

Abb. 4.1: Zur Illustration des Begriffs Attraktor - Phasendiagramme eines Ein-Massen-Schwingers mit einem Freiheitsgrad: **(a)** ohne Reibung, **(b)** mit Reibung, **(c)** mit Reibung und Anregung

Ganz anders verhalten sich *konservative Systeme*. Sie streben im Langzeitverhalten keinem Gleichgewichtszustand zu und besitzen daher keine Punktattraktoren, keine Grenzzyklen und insbesondere keine seltsamen Attraktoren. Wesentliches Kennzeichen autonomer konservativer Systeme ist nämlich, daß sich das Volumen eines Elements im Phasenraum nicht ändert. Gleichwohl können konservative Systeme, wie man später erkennen wird, chaotisches Verhalten zeigen.

Wenn die gesamte mechanische Energie solcher konservativer Systeme erhalten bleibt, spricht man auch von sogenannten Hamiltonschen Systemen. Diese folgen bekanntlich in der kanonischen Form den Hamiltonschen Bewegungsgleichungen

$$\dot{\mathbf{q}} = \frac{\partial H(\mathbf{p}, \mathbf{q}, t)}{\partial \mathbf{p}}, \tag{4.2}$$

$$\dot{\mathbf{p}} = -\frac{\partial H(\mathbf{p}, \mathbf{q}, t)}{\partial \mathbf{q}}. \tag{4.3}$$

Hierbei bezeichnet H die Hamiltonfunktion, welche die Dynamik des Hamiltonschen Systems vollständig beschreibt. Die verallgemeinerte Koordinate $\mathbf{q}$ und der verallgemeinerte Impuls $\mathbf{p}$ spannen den Phasenraum auf. Hängt die Hamiltonsche Funktion nicht von der Zeit ab, $H = H(\mathbf{p}, \mathbf{q})$, bleibt der Wert von H konstant. Diese Konstante kann mit der Energie des Systems identifiziert werden. Im übrigen läßt sich durch Erweiterung des Phasenraums auch für jede zeitabhängige Hamiltonsche Funktion die Form $H(\mathbf{p}, \mathbf{q})$ finden.

Der Zusammenhang zwischen dem Hamiltonschen System mit dem Freiheitsgrad f und der allgemeinen Form des dynamischen Systems erkennt man sofort, wenn man die Gln. (4.2) und (4.3) zu einer Beziehung zusammenfaßt:

$$\dot{\mathbf{x}} = \begin{bmatrix} 0 & 1 \\ -1 & 0 \end{bmatrix} H_{\mathbf{x}}$$

In dem Vektor $\mathbf{x}$ der Länge $2f$ stehen die einzelnen Komponenten $x_i = q_i$ und $x_{i+f} = q_i$ mit $i = 1, \ldots, f$ und der Vektor $H_{\mathbf{x}}$ beinhaltet die ersten partiellen Ableitungen der Hamiltonschen Funktion nach $\mathbf{x}$.

Ein Paar der auch konjugierte Variablen genannten Größen (q_i, p_i) steht für den i-ten Freiheitsgrad des Systems. Der aufgespannte Phasenraum besitzt die Dimension $2f$. Aus der Volumenerhaltung konservativer Systeme ergibt sich, daß die Divergenz des Flusses im Phasenraum

$$\mathrm{div}\,(\dot{\mathbf{q}}, \dot{\mathbf{p}}) = \sum_i^f \left(\frac{\partial^2 H}{\partial q_i \partial p_i} - \frac{\partial^2 H}{\partial p_i \partial q_i} \right) = 0. \tag{4.4}$$

verschwindet. Gl.(4.4) drückt das Theorem von Liouville über die Erhaltung des Volumens in Hamiltonschen Systemen aus [45].

4.2 Beschreibung der Partikelbewegung als dynamisches System

Aus den bisherigen Ausführungen erkennt man, daß es sich (ganz formal gesehen) auch bei dem Differentialgleichungssystem zur Beschreibung der Partikelbewegung (2.4)

$$\frac{d\mathbf{r}(t)}{dt} = \mathbf{v}(\mathbf{r}, t), \qquad \text{mit} \quad \mathbf{r}(t_0) = \mathbf{r}_0$$

um ein dynamisches System handelt. Auch wenn hier noch eine Zeitabhängigkeit des Geschwindigkeitsfeldes zugelassen wird, läßt sich dieses nichtautonome System durch Hinzufügen einer weiteren Zustandsvariablen θ in die Form

$$\frac{d\mathbf{r}(t)}{dt} = \mathbf{v}(\mathbf{r}, \theta),$$

$$\frac{d\theta}{dt} = 1 \tag{4.5}$$

eines autonomen System überführen (vergl. auch Fußnote auf S. 45).

Das Funktional auf der rechten Seite ist identisch mit dem Geschwindigkeitsfeld $\mathbf{v}(\mathbf{r}, t)$, dessen Eigenschaften die Einordnung des Systems bestim-
men. Somit ist das dynamische System der Partikelbewegung folgendermaßen
charakterisiert:

- mehrdimensional,
- nichtlinear,
- deterministisch und
- konservativ.

Von dem Ortsvektor $\mathbf{r}$, der im allgemeinen Fall drei Dimensionen besitzt, wird
der Phasenraum aufgespannt, der dann identisch ist mit dem Strömungsraum. Bei instationärer Strömung käme noch die Zustandsvariable θ hinzu.
Eine Trajektorie im Phasenraum entspricht der Bahn eines materiellen Partikels in der Strömung. Jede Partikelbahn wird durch die Anfangsbedingung
eindeutig bestimmt und ist damit deterministisch. Da hier nur inkompressible Flüssigkeiten betrachtet werden, ist das Geschwindigkeitsfeld bekanntlich
divergenzfrei.

Damit gehört Gl.(4.5) zu den konservativen dynamischen Systemen. In
energetischer Hinsicht ist die Bezeichnung konservativ oder *nicht dissipativ*
hier durchaus mißverständlich, da in einer realen Strömung viskoser Flüssigkeiten immer Energie dissipiert wird. Der hier verwendete Dissipationsbegriff
ist also nicht synonym mit der sonst in der Strömungsmechanik gebräuchlichen mechanischen Dissipationsleistung.

Die Interpretation des Systems der Partikelbewegung als Hamiltonschen
System wird klar, wenn man eine zweidimensionale Strömung im kartesischen
Koordinatensystem betrachtet. Die Hamiltonsche Funktion ist dann nämlich
identisch mit der Stromfunktion Ψ und die verallgemeinerte Koordinate und
der verallgemeinerte Impuls entsprechen den Ortskoordinaten x und y, da
folgende kinematische Beziehung gilt:

$$\dot{x} = \frac{\partial \Psi(x, y, t)}{\partial y} \tag{4.6}$$

$$\dot{y} = -\frac{\partial \Psi(x, y, t)}{\partial x}. \tag{4.7}$$

Zwar ist es in gewisser Weise abstrakt, insbesondere die y-Variable als verallgemeinerten Impuls aufzufassen. Die Variablen $\mathbf{p}, \mathbf{q}$ des Hamiltonschen Systems lassen sich jedoch durch eine kanonische Transformation austauschen
und sind damit gleichwertig.

Im stationären Fall hat dieses System einen Freiheitsgrad, im instationären Fall i. allg. zwei. Ist der instationäre Fall in der Zeit periodisch, spricht
man von einem System mit eineinhalb Freiheitsgraden. Die Zahl der Frei-
heitsgrade wird bei der später folgenden Untersuchung der Stabilität eine
gewisse Rolle spielen.

Für die Analyse dynamischer Systeme sind viele qualitative und quantitative Methoden entwickelt worden. Meist ist man dabei an dem Langzeitverhalten interessiert. Einige zur Untersuchung von konservativen Systemen geeignete Verfahren sollen im weiteren Verlauf dieses Kapitels erläutert werden. Auf Vollständigkeit wird bewußt verzichtet, vielmehr stehen die geometrischen Darstellungen im Vordergrund, da sie gerade für Strömungsprobleme ganz anschauliche Bedeutung haben. Ein Beispiel mit einer Modellströmung soll am Ende dieses Kapitels die Anwendung der Verfahren verdeutlichen.

4.3 Diskretisierung kontinuierlicher Systeme

Denkt man beispielsweise an die Strömung in einem Apparat mit komplexen Geometrien, so führt die kontinuierliche Betrachtung schon einer einzigen dreidimensionalen Trajektorie auf eine unübersichtliche Darstellung. Deshalb beschränkt man sich vielfach auf eine Punktfolge der kontinuierlichen Funktion zu bestimmten ausgewählten Zeitpunkten, d.h. die Funktion $\mathbf{x}(t)$ wird durch eine diskrete Punktfolge

$$\mathbf{x}(t_0),\ \mathbf{x}(t_1),\ \mathbf{x}(t_2),\ \ldots \tag{4.8}$$

ersetzt. Abbildung 4.2 verdeutlicht die Vorgehensweise am Beispiel einer Bahnkurve im dreidimensionalen Phasenraum. Faßt man $\mathbf{x}(t_{k+1})$ als Bild des vorherigen Zustand $\mathbf{x}(t_k)$ auf, erhält man für das nichtlineare System eine nichtlineare Punktabbildung

$$\mathbf{x}(t_{k+1}) = \mathbf{g}(\mathbf{x}(t_k)), \qquad k = 0, 1, 2, \ldots . \tag{4.9}$$

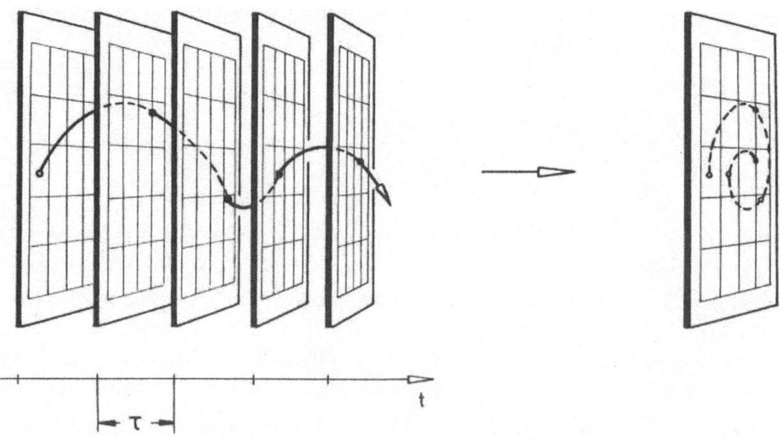

Abb. 4.2: Diskretisierung einer Bahnkurve (aus [45])

Die Diskretisierung eines kontinuierlichen Systems in Form von Punktabbildungen nennt man auch stroboskopische Methode. Die Angabe einer analytischen Abbildungsfunktion $\mathbf{g}$ ist nur für gewisse Sonderfälle möglich. Im allgemeinen muß der Bildpunkt durch numerische Integration über eine Diskretisierungsintervall $[t, t + k\tau]$ mit $k = 0, 1, 2, \ldots$ berechnet werden. Die Diskretisierungszeit τ ist geeignet zu wählen, damit einerseits die wesentlichen Informationen über das Systemverhalten erhalten bleiben, aber andererseits eine übersichtliche Darstellung erzielt wird. Oft ermöglicht nur die Diskretisierung überhaupt ein Studium von komplexen dynamischen Systemen.

Bei nichtautonomen, jedoch mit der Dauer T periodischen Systemen ist die Punktabbildung autonom. Sie gestattet es, den Zustand nach einer Periode auf den Zustand am Ende der folgenden Periode zu übertragen. Bei der Integration orientiert man sich dann natürlich an der Periodendauer T.

Bei den Punktabbildungen der Form (4.9) ist die Dimension des Abbildungsraumes genauso groß wie die des Phasenraumes. Eine spezielle Diskretisierungstechnik kontinuierlicher Systeme ist von Poincaré entwickelt worden, welche sich dadurch auszeichnet, daß die Dimension des Systems um eine Einheit reduziert wird. Diese Methode ist insbesondere dazu geeignet, periodische Lösungen dynamischer Systeme zu verdeutlichen.

Die grundsätzliche Idee einer Poincaré-Abbildung wird bei der Betrachtung einer periodischen Trajektorie (Periode T) χ eines dynamischen Systems klar. Es wird eine Fläche $\mathbf{O(x)}$ der Dimension $n - 1$ im n-dimensionalen Phasenraum gewählt. Diese Schnittfläche soll den Fluß überall transversal schneiden. Der Normalenvektor $\mathbf{n}$ auf die Fläche berechnet sich zu

$$\mathbf{n} = \frac{\text{grad}\ (\mathbf{O(x)})}{|\text{grad}\ (\mathbf{O(x)})|} \tag{4.10}$$

Da die rechte Seite des Systems (4.1) die Richtung der Tangente an die Trajektorie im Punkt $\mathbf{x}_p$ angibt, muß für alle Schnittpunkte die Bedingung

$$\mathbf{n} \cdot \mathbf{f}(\mathbf{x}_p) \neq 0 \qquad \forall \qquad \mathbf{x}_p \in \mathbf{O(x)} \tag{4.11}$$

erfüllt sein. Die Schnittfläche ist damit nicht notwendigerweise eben. Abbildung 4.3 skizziert die Poincaré-Abbildung für einen dreidimensionalen Phasenraum. Hierbei werden mit $P(k)$, $k = 0, 1, 2, \ldots$ die Schnittpunkte von χ mit der Fläche $\mathbf{O}$ bezeichnet.

Im Gegensatz zu der vorherigen Methode erfolgt die Diskretisierung nicht anhand eines festen Zeitintervalls, sondern es werden nur die Punkte der Trajektorie verwendet, die auf der Fläche liegen. Die Poincaré-Abbildung ist durch die iterative Vorschrift

$$P(k + 1) = f[P(k)] \tag{4.12}$$

definiert, d.h. man faßt jeden Schnittpunkt $P(k + 1)$ mit der Ebene $\mathbf{O}$ als Bild seines Vorgängers $P(k)$ auf.

Wie bei der zeitlichen Diskretisierung muß auch hier die Abbildungsfunktion i. allg. numerisch durch Integration bestimmt werden, der Aufwand zur

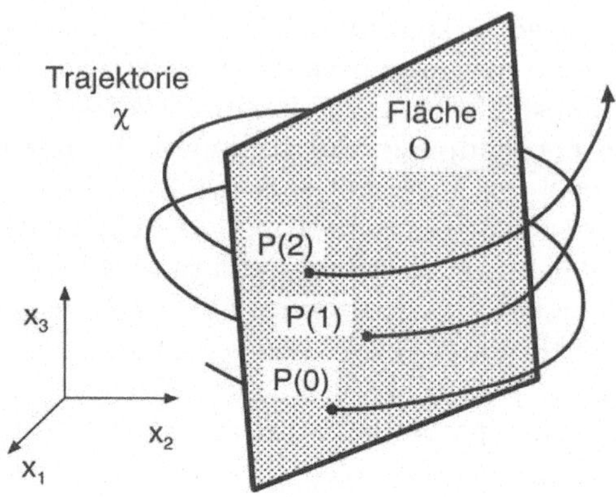

Abb. 4.3: Poincaré-Abbildung im dreidimensionalen Phasenraum

Berechnung ist also der Gleiche. Die Analyse des Langzeitverhaltens aber reduziert sich dabei auf die Betrachtung lediglich der Schnittfläche, was eine erhebliche Vereinfachung darstellt.

Mittels der Poincaré-Abbildungen lassen sich insbesondere periodische Lösungen des dynamischen Systems leicht ermitteln. Sie sind als Fixpunkte oder periodische Punkte in einem Poincaré-Schnitt zu erkennen (Abb. 4.4). Betrachtet man beispielsweise einen periodischen Punkt $P(1)$ auf der Fläche **O**, so ist die zugehörige Abbildungsfunktion durch

$$P(1) = f^m(P(1)) \tag{4.13}$$

gegeben. Hierbei ist mit f^m die Abbildung f nach m-maliger Anwendung auf $P(1)$ zu verstehen. Die einfachste periodische Lösung hat die Periode $m = 1$. Dann kehrt die Trajektorie im Phasenraum nach einem Umlauf mit der Umlaufzeit T wieder an ihren Ausgangspunkt zurück. Dieser auch mit P_1-Lösung bezeichneter Punkt ist invariant unter der Abbildung f und wird deshalb auch Gleichgewichtspunkt genannt. Schließt sich die Trajektorie im Phasenraum nicht nach einer, sondern nach m Umläufen, so gehören die P_m-Punkte zur subharmonischen Lösung der Periode mT. Man spricht dann auch von Zyklen der Periode m, vergl. Abb. 4.5.

Durch die Poincaré-Abbildung gelingt es also, eine beliebige periodische Strömung quasi auf eine *Karte* zu projizieren. Im Fall einer stationären dreidimensionalen oder einer instationären zweidimensionalen Strömung liegt diese Karte im zweidimensionalen Raum und ist damit sehr anschaulich.

Gerade für den Mischprozeß hat die Poincaré-Abbildung eine große Bedeutung, da in vielen Apparaten die Strömung zeitlich oder örtlich periodisch abläuft. Das Auffinden der Fixpunkte kann in einem realen Mischapparat durch das Verfolgen einer Anzahl von Trajektorien geschehen. Es genügen nur wenige Trajektorien, deren Startpunkte regelmäßig im Phasenraum verteilt sind, wenn die Bahnen über eine lange Zeit (d.h. groß gegenüber der

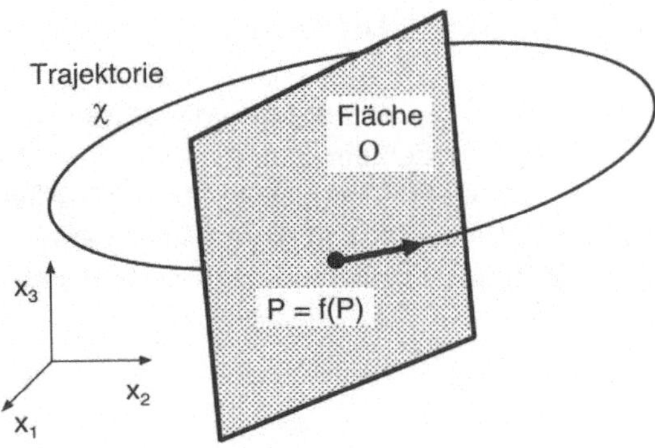

Abb. 4.4: Fixpunkt einer Poincaré-Abbildung: periodischer Punkt der Periode 1

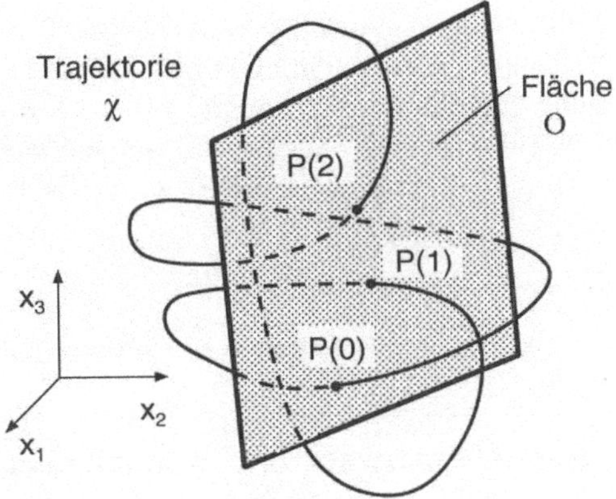

Abb. 4.5: Fixpunkt einer Poincaré-Abbildung: periodischer Punkt mit der Periode 3

Periodendauer) betrachtet werden. Im vorhinein ist die Periodendauer natürlich nicht bekannt, gute Anhaltspunkte erhält man meist durch Vorgaben bei dem konkreten Problem (geometrische Periodizität, Periodendauer bei instationärer Bewegung etc.).

Grundsätzlich ist zu erwarten, daß mehrere periodische Lösungen mit ganz unterschiedlichen Perioden m für die Abbildungsfunktion existieren. Es läßt sich an dieser Stelle schon erahnen, daß für einen effizienten Mischvorgang die periodischen Trajektorien eher schädlich sind. Hat man also durch eine Poincaré-Abbildung periodische Trajektorien identifiziert, wird man deren Stabilitätsverhalten näher untersuchen müssen.

4.4 Stabilität der Punktabbildung

Bei der Punktabbildung einer P_m-Lösung hat jeder Punkt die gleichen Stabilitätseigenschaften, so daß ein beliebiger Punkt betrachtet werden kann [45]. Gemäß der Vorgehensweise in der klassischen Stabilitätstheorie linearisiert man die Abbildungsfunktion in der Umgebung des periodischen Punktes. Durch Einführung der Störung ζ erhält man mit dem Ansatz $\mathbf{x} = \mathbf{x}_s + \zeta$ das lineare System

$$\zeta(m+1) = \mathbf{G}(\mathbf{x}_s)\zeta(m), \tag{4.14}$$

in dem

$$\mathbf{G}(\mathbf{x}_s) = \left.\frac{\partial \mathbf{g}}{\partial \mathbf{x}}\right|_{\mathbf{x}_s} \tag{4.15}$$

die Jacob-Matrix der Abbildung darstellt. Durch die Matrix $\mathbf{G}$ ist das Stabilitätsverhalten der P_m-Lösungen vollständig bestimmt. Bekanntlich lassen sich durch die Berechnung der Eigenwerte λ_i Aussagen über die Stabilität machen, die in der Tabelle 4.1 verzeichnet sind. Die Bedingung, daß alle Eigenwerte betragsmäßig kleiner als eins ausfallen, ist hinreichend für die Beurteilung der Stabilität der Trajektorien, die Lösungen werden dann auch hyperbolisch genannt. Dies schließt auch den Fall der mehrfachen Eigenwerte mit ein.

Tabelle 4.1: Stabilitätseigenschaften von Punktabbildungen

Eigenschaften der Eigenwerte	Stabilitätsaussage
Für alle λ_i gilt: $|\lambda_i| < 1$	Asymptotisch stabil
Für mindestens ein λ_j gilt: $|\lambda_j| > 1$	Instabil
Für mindestens ein λ_j gilt: $|\lambda_j| = 1$	Kritischer Fall

Im zweidimensionalen Phasenraum gelingt eine ganz anschauliche Darstellung des Verhaltens in der unmittelbaren Nähe von Fixpunkten. Für den Fall zweier konjugiert komplexer Eigenwerte bewegen sich ein Punkt und seine Bildpunkte im Phasenraum für $|\lambda_i| < 1$ auf einer Spirale, die im Fixpunkt endet. Bei $|\lambda_i| > 1$ entfernen sich die Bildpunkte vom Fixpunkt und im Fall $|\lambda_j| = 1$ liegen sie auf einer Ellipse um den Fixpunkt. Sind die Eigenwerte unterschiedlich kann eine weitere Klassifizierung nach Knoten 1. und 2. Art bzw. Sattel 1. und 2. Art erfolgen [45].

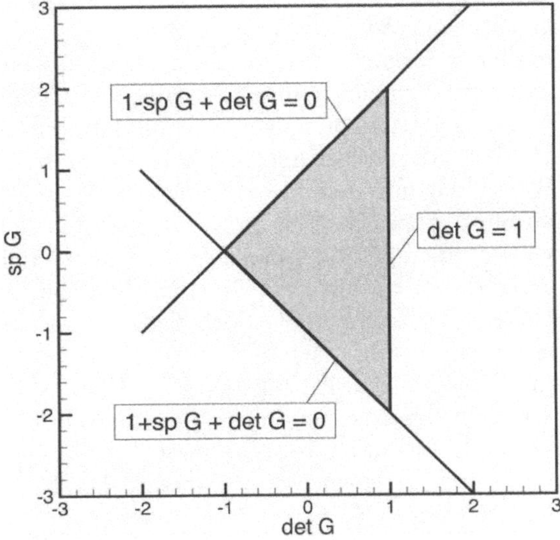

Abb. 4.6: Stabilitätskarte zweidimensionaler Punktabbildungen nach [41]

Das Systemverhalten zweidimensionaler Punktabbildungen wird auch in einer sog. Stabilitätskarte deutlich. Abbildung 4.6 (vergl. auch [41]) veranschaulicht diese Karte in Abhängigkeit gewisser Invarianten der Systemmatrix $\mathbf{G}$. Trägt man sp $\mathbf{G}$ über det $\mathbf{G}$ auf, so ist das asymptotisch stabile Gebiet durch drei Geraden eingeschlossen. Dafür muß nämlich gelten, daß

$$\det \mathbf{G} < 1, \quad 1 - \mathrm{sp}\,\mathbf{G} + \det \mathbf{G} > 0, \quad 1 + \mathrm{sp}\,\mathbf{G} + \det \mathbf{G} < 0.$$

Auf den Geraden ist mindestens ein $|\lambda_j| = 1$ und außerhalb des eingeschlossenen Gebiets liegt instabiles Verhalten vor. Die so bestimmten Stabilitätseigenschaften des linearisierten Systems lassen sich dann auf das nichtlineare System übertragen.

Existieren Eigenwerte mit der Eigenschaft $|\lambda_j| = 1$, handelt es sich um elliptische Lösungen des linearisierten Systems. Die Stabilität solcher Fixpunkte muß durch weitere Untersuchungen der restlichen Eigenwerte ermittelt werden. Diese kritischen Fälle sind von Bedeutung, wenn die Abbildung von einem zusätzlichen Parameter abhängt. Es kann dann zu einer Periodenverdopplung kommen. Hierbei verzweigt sich eine P_m-Lösung mit $|\lambda_j| = 1$ bei Variation des Parameters zu einer P_{2m}-Lösung, die ihrerseits stabil ist, während die ursprüngliche P_m-Lösung instabil wird. Das Auftreten der Periodenverdopplung ist ein möglicher Weg zu einem nichtperiodischen, irregulären und damit chaotischen Systemverhalten. Die Bestimmung solcher Verzweigungspunkte und die Konstruktion der neuen Lösungen ist Aufgabe der Bifurkationsanalyse. Es soll an dieser Stelle jedoch keine weitere ausführliche Stabilitätsuntersuchung von Punktabbildungen erfolgen. Dazu sei auf die einschlägige Literatur verwiesen, z.B. [2].

Neben den eigentlichen Fixpunkten oder periodischen Lösungen des dynamischen Systems sind auch Trajektorien interessant, die unendlich oft Punkte in einer beliebig kleinen Umgebung von Fixpunkten generieren und damit quasiperiodisch sind. Man bezeichnet ein solches wiederkehrendes oder rekurrentes Verhalten auch mit dem Begriff Grenzmenge. Diese Menge ist im mathematischen Sinne abgeschlossen und enthält damit notwendigerweise einen Fixpunkt oder einen periodischen Punkt. Die Ausdehnung solcher Einzugsgebiete ist gerade im Hinblick auf die Anwendungen im Bereich des Mischens sehr wichtig. Kennzeichnen sie doch Gebiete, in denen unmittelbar benachbarte materielle Punkte sich zwar voneinander entfernen, jedoch maximal nur bis zur Grenze dieses Einzugsbereichs. Eine exakte numerische Bestimmung des Einzuggebiets ist nur unter bestimmten Voraussetzungen beispielsweise durch die Berechnung des Ljapunov-Exponenten möglich.[2] Im allgemeinen Fall ist es jedoch schwierig, die entsprechende Exponenten zu konstruieren.

Andererseits kann aber auf grafische Weise ein Poincaré-Schnitt das Einzugsgebiet sehr gut verdeutlichen. Die aufeinanderfolgenden Schnittpunkte einer quasiperiodischen Trajektorie beschreiben dann in der Schnittfläche eine geschlossene, invariante Kurve. Voraussetzung ist, wie man später sehen wird, eine genügend große Punktdichte auf der Grenzkurve bzw. in der Grenzmenge.

Kommt man von der bisherigen formalen Betrachtung zurück zu realen Strömungen und identifiziert man die Trajektorie mit der Bahn eines materiellen Punktes, so müssen also die periodischen Partikelbahnen näher untersucht werden. Diese kommen nach der Periode T wieder an ihren Ausgangspunkt $\mathbf{r}_0$ zurück,

$$\mathbf{r}(\mathbf{r}, T) = \mathbf{r}_0. \tag{4.16}$$

Erinnert man sich nun an die Gl. (2.9),

$$d\mathbf{r} = \mathbf{F}d\mathbf{r}_0 = [\operatorname{grad}\mathbf{r}(\mathbf{r}_0)]\,d\mathbf{r}_0,$$

so beschreibt der Deformationsgradient gerade in linearer Näherung das Verhalten in der unmittelbaren Umgebung eines materiellen Punktes. Durch den Vergleich mit der Definition der Abbildungsmatrix $\mathbf{G}$ in Gl. (4.15) ist der Zusammenhang erkennbar. Die Stabilitätseigenschaften lassen sich nämlich sofort aus den Eigenwerten von $\mathbf{F}(\mathbf{r}_0, T)$ ermitteln. Dazu muß die zeitliche Änderung des Deformationsgradienten gemäß der Evolutionsgleichung (2.17)

---

[2] Die Ljapunov-Exponenten geben eine mittlere Divergenz oder Konvergenz benachbarter Trajektorien an und sie stellen verallgemeinerte Stabilitätsgrößen dar. Für einen n-dimensionalen Phasenraum existieren n reelle Exponenten für eine Trajektorie. Bei konservativen Systemen muß die Summe der Ljapunov-Exponenten aus Gründen der Volumenerhaltung identisch Null sein.

$$\frac{d\mathbf{F}(\mathbf{r}_0, t)}{dt} = [\text{grad}\,\mathbf{v}(\mathbf{r}, t)]\,\mathbf{F}$$

berechnet werden. Durch Integration über eine Periode mit der Anfangsbedingung des unverzerrten Zustands $\mathbf{F} = 1$ erhält man insbesondere die Deformation $\mathbf{F}(\mathbf{r}_0, T)$ nach einer Periode. Die Bestimmung der Eigenwerte führt im Falle inkompressibler Strömungen ($\det \mathbf{F} = 1$) auf das Eigenwertproblem

$$-\lambda^3 + (\text{sp}\,\mathbf{F})\,\lambda^2 - \left(\frac{1}{2}\left[(\text{sp}\,\mathbf{F})^2 - \text{sp}\,\mathbf{F}^2\right]\right)\lambda + 1 = 0. \qquad (4.17)$$

Entsprechend der Aussagen in Tabelle 4.1 geben die so gefundenen Eigenwerte die Stabilitätseigenschaften einer periodischen Bahnlinie wieder.

Im übrigen gilt bei inkompressiblen Strömungen, die sich im zweidimensionalen Phasenraum abbilden lassen, die Bedingung $|\text{sp}\,\mathbf{F}| \leq 2$. Dies läßt sich leicht aus Abb. 4.6 ablesen, da man sich in diesem Fall nur längs der rechten Gerade auf $\det \mathbf{F} = 1$ bewegen kann.

4.5 Chaotische Bewegung konservativer Systeme

Das Auftreten von chaotischen Bewegungen in konservativen Systemen ist an das Konzept der Integrierbarkeit gekoppelt. Ein Hamiltonsches System ist dann integrierbar, wenn eine Transformation in sogenannte Wirkungsvariable $\mathbf{I}$ und in Winkelvariable Θ als Funktion der Ausgangsvariablen gefunden werden kann. Bei einer solchen kanonischen Transformation

$$\mathbf{p},\,\mathbf{q} \leftrightarrow \mathbf{I},\,\Theta \qquad (4.18)$$

geht die Hamiltonsche Funktion $H(\mathbf{p}, \mathbf{q})$ in eine neue Hamilton-Funktion $H(\mathbf{I})$ über, die nur noch von der Hälfte der ursprünglichen Anzahl von Variablen abhängt. Die Bewegungsgleichungen lassen sich dann in der Form

$$\dot{\mathbf{I}} = -\frac{\partial H(\mathbf{I})}{\partial \Theta} = 0 \qquad (4.19)$$

$$\dot{\Theta} = \frac{\partial H(\mathbf{I})}{\partial \mathbf{I}} = \omega(\mathbf{I}) \qquad (4.20)$$

schreiben, welche sofort mit den Anfangsbedingungen $\mathbf{I}(0)$ und $\omega(0)$ integriert werden können:

$$\mathbf{I}(t) = \mathbf{I}(0), \qquad (4.21)$$

$$\Theta(t) = \omega(\mathbf{I})t + \omega(0). \qquad (4.22)$$

Eine besondere Eigenschaft integrierbarer Hamiltonscher Systeme ist, daß sie nicht chaotisch werden können. Die Trajektorien dieser Systeme können nämlich nur auf ineinandergeschachtelten, invarianten Tori verlaufen, wobei jede Bahn auf ihrem Torus bleibt. Trajektorien in benachbarten Tori verbleiben also auch dort.

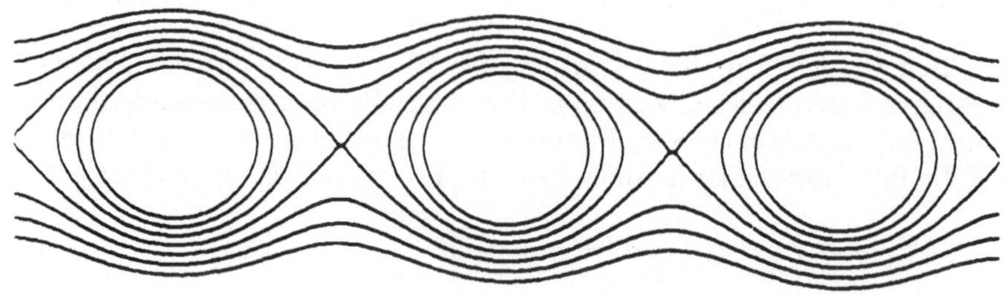

Abb. 4.7: Stromlinienbild der ungestörten *Kelvin-Cat-Eye*-Strömung

Ein einfaches Beispiel mag dies verdeutlichen [86, 63]. Die durch die Stromfunktion in dimensionsloser Schreibweise

$$\psi(x, y, t) = \bar{u}y + \ln\left[\cosh(y) + A\cos(x - \bar{u}t)\right] \tag{4.23}$$

vorgegebene zweidimensionale Strömung kann als aneinandergereihte Wirbel gedeutet werden, die sich mit der Geschwindigkeit $\bar{u}$ in x-Richtung fortbewegen. Der Parameter A gibt eine Wirbelstärke vor, für $A = 0$ erhält man eine klassische Parallelströmung. In einem mit der Geschwindigkeit $\bar{u}$ mitbewegten Koordinatensystem x', y' wird die Stromfunktion stationär,

$$\psi'(x', y') = \ln\left[\cosh(y') + A\cos(x')\right]. \tag{4.24}$$

Gleichung (4.5) ist somit nicht mehr von der Zeit abhängig und läßt sich sofort integrieren. Die Stromlinien $\psi' = konst.$ sind in Abb. 4.7 skizziert. Aufgrund der speziellen Gestalt ist diese Strömungsform, die an Katzenaugen erinnert, mit dem Namen *Kelvin-Cat-Eye* verbunden. Die Geschwindigkeitskomponenten ergeben sich sofort aus den Gln.(4.6) und (4.7) zu

$$u' = \frac{\sinh(y')}{\cosh(y') + A\cos(x')}, \tag{4.25}$$

$$v' = \frac{A\sin(x')}{\cosh(y') + A\cos(x')}. \tag{4.26}$$

In dieser stationären Strömung verlaufen die Trajektorien in dem Phasenraum (x', y') längs der Stromlinien, die als stabile Tori angesehen werden können. Im Zentrum der *Augen* liegen elliptische Fixpunkte, am Übergang von einem *Auge* zum nächsten ist jeweils ein hyperbolischer Fixpunkt zu erkennen. Chaotisches Verhalten der Trajektorien kann in diesem Fall nicht auftreten.

Bei Störungen des Stromfeldes ist eine Integration des Hamiltonschen System im Sinne der obigen Transformation nicht mehr möglich. Die stabilen Tori verändern sich im Phasenraum. Sind die Störungen klein, ist es möglich, daß die meisten Tori weiterbestehen, allerdings vielfach in einer deformierten

Form. Andere Tori werden zerstört und lösen sich auf. Zur Illustration wird im obigen Beispiel das Stromfelds in der Form

$$u'_s = \frac{\sinh(y')}{\cosh(y') + A\cos(x')} + \epsilon\sin(\omega t), \tag{4.27}$$

$$v' = \frac{A\sin(x')}{\cosh(y') + A\cos(x')}. \tag{4.28}$$

zeitlich periodisch mit der Frequenz ω und dem Parameter ϵ gestört. Die Strömung bleibt bei dieser Art der Störung weiterhin zu jeder Zeit divergenzfrei. Durch einen Poincaré-Schnitt wird der Einfluß der Störung sichtbar. Dazu werden die Bahnen weniger Partikel (in diesem Fall 13) numerisch mit einem Runge-Kutta-Verfahren über ca. 100 Perioden berechnet und deren Positionen im Phasenraum zu Zeiten $t = 2\pi/\omega$ markiert. Aufgrund der Periodizität des Stromfelds in x'-Richtung reicht die Darstellung in einem einzigen Auge. Die Abb. 4.8 und 4.9 zeigen die Ergebnisse für einen ausgewählten Parametersatz ($A = 0.5, \omega = 0.5$). Im ungestörten System ist die Information des Poincaré-Schnitts identisch mit dem des Stromlinienbildes. Bei kleinem Störungsparameter $\epsilon = 0.01$ bleiben die Tori in der Nähe des elliptischen Punktes erhalten. Aber auch ein stark deformierter Torus ist zu erkennen, er umschließt den elliptischen Punkt gar nicht mehr vollständig. In der Nähe der hyperbolischen Punkte werden die Trajektorien instabil und es bildet sich ein lokaler Bereich aus, in dem die Abbildungspunkte irregulär verstreut sind. Offensichtlich handelt es sich um ein Gebiet, in dem die dort gestarteten Trajektorien chaotisches Verhalten zeigen. Dieses chaotische Gebiet breitet sich mit steigendem Störungsparameter weiter aus. Bei $\epsilon = 0.05$ ist schon zwischen den deformierten Tori ein Gebiet mit chaotischen Trajektorien eingedrungen. Der Bereich vergrößert sich mit wachsendem ϵ immer weiter. Schließlich endet es bei $\epsilon \approx 1$ in einem globalen Chaos.

Der Weg vom geordneten System zum Chaos führt also über das Verhalten in der Umgebung hyperbolischer Fixpunkte. Durch die Störung laufen die Trajektorien zweier benachbarter hyperbolischen Punkte nicht mehr glatt ineinander, sondern sie schneiden sich in einem Punkt transversal. In der Theorie der dynamischen Systeme wird ein solcher Schnittpunkt homoklinisch genannt, da er aus den sogenannten Mannigfaltigkeiten einer Trajektorie hervorgeht [45]. Im Falle konservativer Systeme können nur durch das Auftreten homoklinischer Punkte chaotische Bewegungen entstehen. In Abb. 4.9a kann man auch sehr schön die Koexistenz der stabilen Tori (im Zentrum des Auges bei $x' = \pi$ und bei $x' \approx 1.2$) und des dazwischenliegenden chaotischen Gebiets erkennen. Diese Koexistenz läßt sich durch das KAM-Theorem [44, 3, 59] für den Fall eines leicht gestörten Hamiltonschen Systems mit bis zu zwei Freiheitsgraden streng beweisen. Irreguläre Trajektorien bleiben demnach zwischen den invarianten Tori eingefangen und dringen in keine anderen Gebiete ein. Bei sehr kleinen Störungen sind die chaotischen Gebiete sehr schmal, so daß sie sich nur schwer nachweisen lassen. Im Fall von

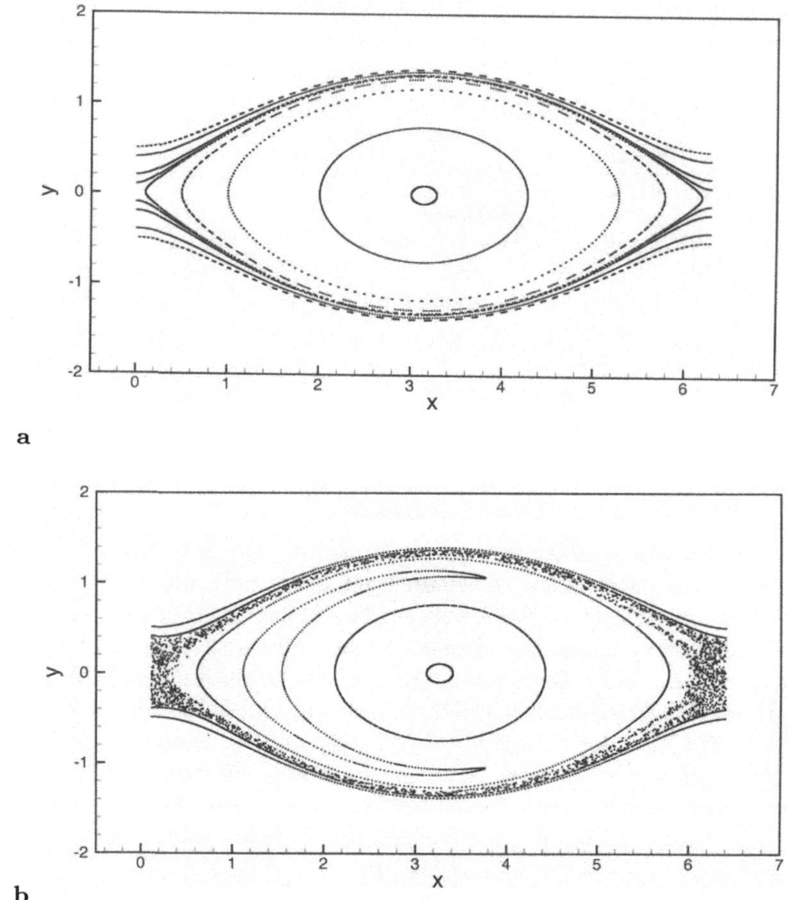

Abb. 4.8: Poincaré-Schnitte der ungestörten (**a**) und der gestörten *Kelvin-Cat-Eye*-Strömung mit $\epsilon = 0.01$ (**b**)

mehr als zwei Freiheitsgraden gelten die Aussagen der KAM-Theorie jedoch nicht mehr allgemein.

Die Entwicklung zum Chaos wird hier nur von einem phänomenologischen Standpunkt aus gesehen. Ausführliche Darstellungen der gesamten Problematik können der Literatur (z.B. [2, 82]) entnommen werden. Die vorangegangene Diskussion hat jedoch gezeigt, daß die Anwendung der Poincaré-Abbildung eine hervorragende Methode ist, das komplexe Verhalten insbesondere von gestörten, also nichtintegrierbaren Hamiltonschen Systemen zu untersuchen.

Bezogen auf das Ziel eines effizienten Mischprozesses wäre also zunächst zu fordern, Symmetrien innerhalb des Stromfelds zu vermeiden, da durch sie stabile periodische Punkte mit den zugehörigen Grenzflächen entstehen

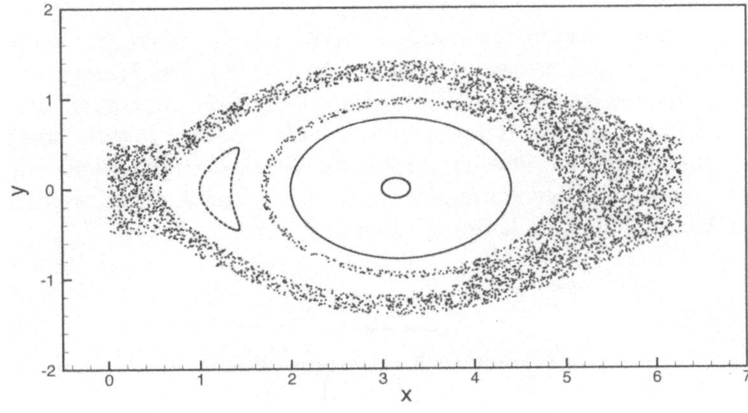

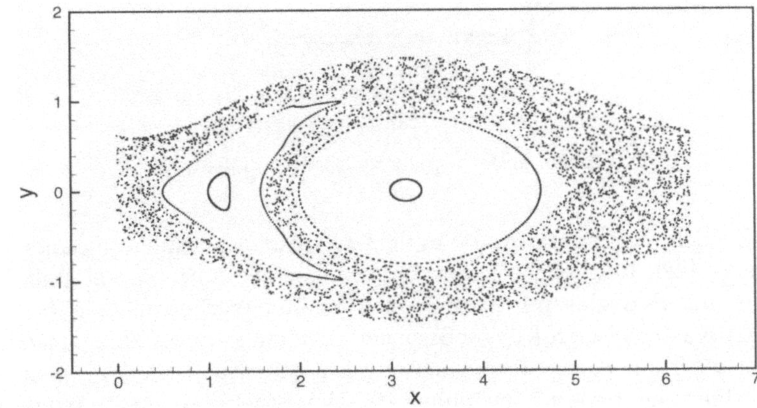

Abb. 4.9: Poincaré-Schnitte der gestörten *Kelvin-Cat-Eye*-Strömung: $\epsilon = 0.05$ (**a**) und $\epsilon = 0.1$ (**b**)

können. Bei vielen technischen Apparaten ist es meist nicht möglich, auf geometrische Symmetrien zu verzichten. Dann sollten die Strömungsparameter so gewählt werden, daß man im chaotischen Bereich liegt. Im Anschluß soll die grundsätzliche Vorgehensweise an einem idealisierten Mischprozeß gezeigt werden.

4.6 Beispiel: driven-cavity-Strömung

Bei der sog. *driven-cavity*-Strömung handelt es sich um die Strömung in einem rechteckigen geschlossenen Kasten (Abb. 4.10). Der Kasten ist mit einer zähen, newtonschen Flüssigkeit gefüllt. Durch die Bewegung der oberen Wand nach links und der unteren Wand nach rechts in jeweils horizontaler Richtung bildet sich ein zweidimensionales Geschwindigkeitsfeld aus. Diese Zirkulationsströmung ist stationär und zudem symmetrisch, wenn der Betrag der Wandgeschwindigkeiten U übereinstimmt.

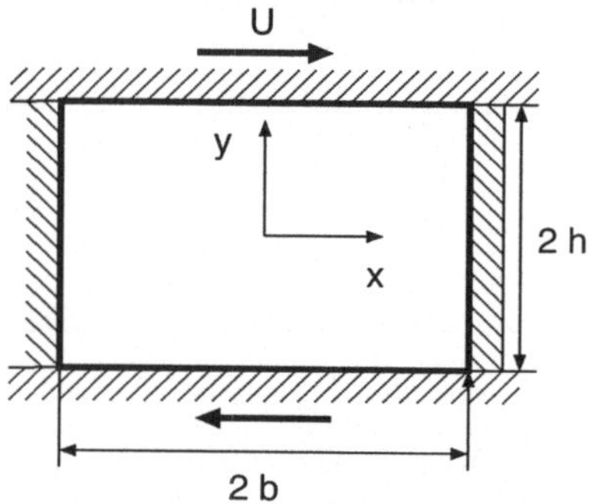

Abb. 4.10: *Driven-cavity*-Konfiguration

Eine solche Konfiguration ist in der Literatur experimentell realisiert worden, vergl. [22]. Bewegliche Förderbänder ersetzen hierbei zwei Wände eines Kastens aus Plexiglas mit dem Höhen/Breiten-Verhältnis $h/b \approx 0.6$. Die Tiefe des Kastens ist groß gegenüber den anderen Abmessungen gewählt. Betrachtet wird nur die in Tiefenrichtung mittlere Ebene, so daß dort in sehr guter Näherung von einer zweidimensionalen Strömung ausgegangen werden kann. Aufgrund der relativ hohen Viskosität des eingefüllten Glyzerins bewegen sich die in den Experimenten realisierten Reynoldszahlen im Bereich $Re = \rho_{Gly} U b / \eta_{Gly} \approx 1$. Die Visualisierung des Strömungsvorgangs erfolgt durch einen in die Flüssigkeit eingebrachten Tracer (floureszierende Partikel). In Abb. 4.11a markiert eine vertikale Linie den Anfangszustand des Experiments. Die durch das Verschieben der Wände mit konstanter Geschwindigkeit entstehende stationäre Zirkulationsströmung verzerrt die markierte Linie. Abbildung 4.11b zeigt das Strömungsbild nach einer längeren Bewegungsphase. Eine solche Strömung hat offensichtlich keine guten Mischeigenschaften, da sich die Partikel auf der markierten Linie zwar voneinander entfernen, aber sich nur längs der (einfachen) Stromlinien bewegen können.

Dies ändert sich entscheidend, wenn die Strömung in dem Kasten instationär wird. In Abb. 4.12 bewegen sich die obere und untere Wand diskontinuierlich, und zwar nacheinander mit gleicher konstanter Geschwindigkeit in entgegengesetzte Richtung, wobei während der Bewegung der einen Wand die andere ruht. Es stellt sich dann eine instationäre, aber periodische Strömung ein. Die Periode T erstreckt sich über einen Zeitraum, in dem die obere und die untere Wand jeweils einmal bewegt wurden. Zur Visualisierung wurden Tropfen des Tracermaterials an zwei unterschiedlichen Stellen in der Betrachtungsebene eingebracht. Nach ca. 20 Perioden (Abb.4.12a) hat sich der eine Tropfen nur wenig verteilt, während sich der andere Tropfen (Abb. 4.12b) schon nach 10 Perioden großräumig aufgelöst hat, wobei jedoch ein eingegrenztes Gebiet gar nicht von diesen Tracerpartikeln erreicht wird. Vermutlich liegt bei dieser Versuchsführung im Zentrum der Insel, in der offensichtlich kein Austausch des Fluidmaterials mit der Umgebung stattfindet, ein stabiler periodischer Punkt. Insgesamt ist für das Ziel einer guten Durchmischung die instationäre Strömung deutlich besser geeignet.

Im folgenden wird das gezeigte Geschehen in dieser *driven-cavity*-Konfiguration numerisch simuliert. Da in den Experimenten Reynoldszahlen nur im Bereich von 1 vorkommen, genügt es, die obigen Mischvorgänge unter schleichenden Bedingungen zu beschreiben. Eine Näherung für die Strömung in dem Kasten gelingt bei Verwendung des in Abb. 4.10 gezeigten Koordinatensystems durch das analytische Geschwindigkeitsfeld

$$u(x,y,t) = U\frac{(b^2 - x^2)^2}{2b^4} \left[\left(1 - 3\frac{y}{h}\right)\left(1 + \frac{y}{h}\right)g_o(t)\right.$$
$$\left. - \left(1 + 3\frac{y}{h}\right)\left(1 - \frac{y}{h}\right)g_u(t)\right],$$

$$(4.29)$$

$$v(x,y,t) = 2U\frac{hx}{b^2}\left(1 - \frac{x^2}{b^2}\right)\left(1 - \frac{y^2}{h^2}\right) \cdot$$
$$\left[\left(1 + \frac{y}{h}\right)g_o(t) + \left(1 - \frac{y}{h}\right)g_u(t)\right].$$

Dieses Feld [10] ist zwar keine Lösung der Bewegungsgleichungen für die *driven-cavity* Konfiguration, aber es ist inkompressibel ($\text{div}\,\mathbf{v} = 0$) und es erfüllt partiell die Haftbedingungen an den Wänden.[3]

Abbildung 4.13 verdeutlicht, daß dieses analytische Feld sehr gut die reale Strömung im Experiment beschreibt kann. Dort ist das Simulationsergebnis für die Verzerrung einer fluiden Linie (in der Mitte des Kastens, bei $x = 0$), die sich aus sehr vielen Einzelpartikeln zusammensetzt, unter stationären Randbedingungen zu sehen. Dafür wurden die Zeitfunktionen in Gl.(4.29) konstant gewählt, d.h. $g_u(t) = 1$, $g_o(t) = 1$. Im Vergleich mit Abb. 4.11b

---

[3] Die *driven-cavity*-Strömung ist vielfach in der Literatur simuliert worden. Diese Konfiguration wird insbesondere als Testbeispiel bei der Entwicklung numerischer Verfahren verwendet. Entsprechend viele Publikationen mit Ergebnissen unter stationären und instationären Bedingungen stehen zur Verfügung, beispielsweise [77, 35]. Da an dieser Stelle mehr die Methodik zur Analyse dynamischer Systeme im Vordergrund steht, ermöglicht ein analytisch vorgegebenes Geschwindigkeitsfeld eine übersichtlichere Darstellung.

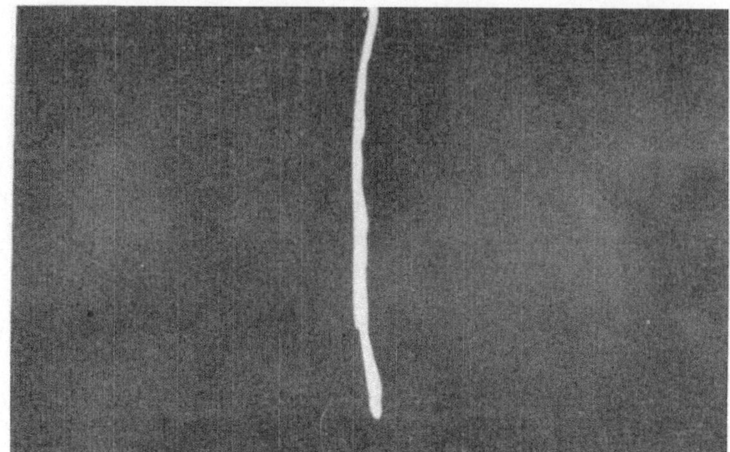

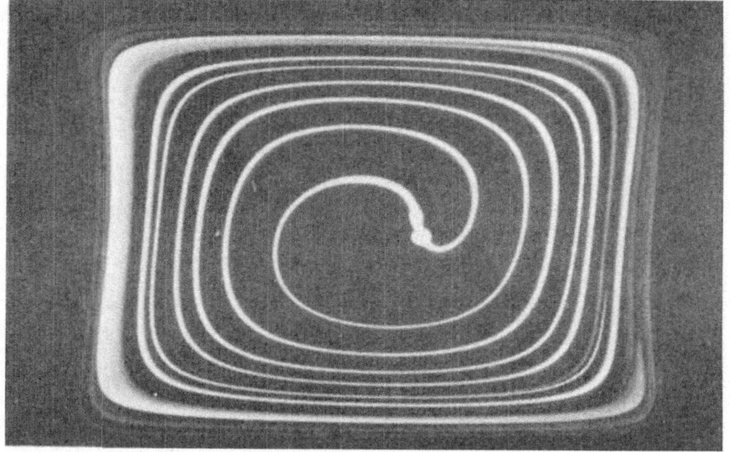

Abb. 4.11: Verzerrung einer Linie in der *driven-cavity*-Konfiguration, aus [62]. Die obere Wand wird mit einer konstanten Geschwindigkeit $U_{oben} = 0.0158\ m/s$ nach rechts gezogen, die untere Wand mit gleicher Geschwindigkeit nach links. Anfangsbedingung (**a**) und Zustand nach längerer Zeit (**b**).

erkennt man die qualitativ sehr gute Übereinstimmung der Simulation mit dem Experiment.

Wählt man dagegen die Zeitfunktionen in der Form

$$\left.\begin{array}{l} g_u(t) = 1 \\ g_o(t) = 0 \end{array}\right\} \ (2i - 1)\frac{T}{2} > t \geq (i - 1)T, \tag{4.30}$$

$$\left.\begin{array}{l} g_u(t) = 0 \\ g_o(t) = 1 \end{array}\right\} \ iT > t \geq (2i - 1)\frac{T}{2}, \tag{4.31}$$

a

b

Abb. 4.12: Verzerrungen von Tropfen in der *driven-cavity*-Konfiguration, aus [62] ($\bar{T} = 3.3$). Zustand nach $t/T = 20$ (**a**): Tracer in der Nähe eines periodischen Punktes; Zustand nach $t/T = 10$ (**b**): Tracer im chaotischen Bereich.

mit $i = 1, 2, \ldots$ so lassen sich auch die in den instationären Experimenten realisierten Bedingungen simulieren. Bei vorgegebener Geometrie (hier: $h/b = 0.6$) wird die Strömung dann einzig durch die dimensionslose Periodendauer

$$\bar{T} = \frac{U\,T}{2b} \tag{4.32}$$

beeinflußt. In den Grenzfällen $\bar{T} \to 0$ und $\bar{T} \to \infty$ erhält man wieder das stationäre Strömungsbild. In Abb. 4.14 ist das Simulationsergebnis für $\bar{T} = 3.3$ nach $t/T = 10$ zu sehen. Die Seiten eines zu Anfang mit sehr vielen

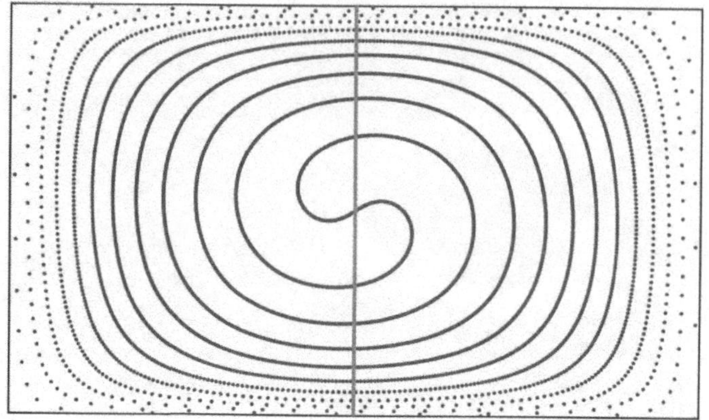

Abb. 4.13: Verzerrung einer Linie in der *driven-cavity*-Konfiguration. Simulationsergebnis im Fall der stationären Strömung.

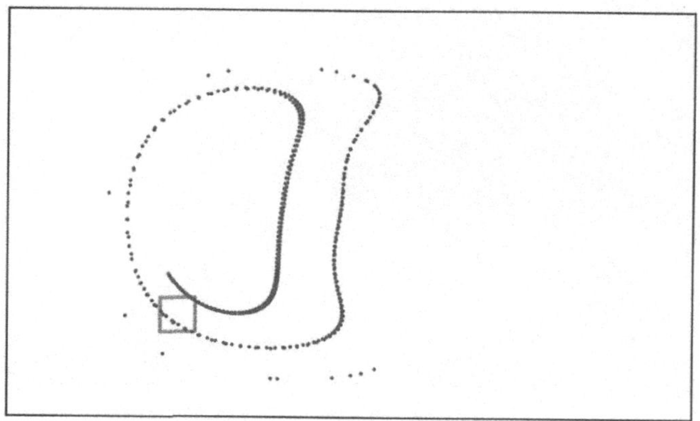

Abb. 4.14: Verzerrung der Kanten eines quadratischen Farbtropfens. Simulationsergebnis für $\bar{T} = 3.3$: Anfangszustand (Quadrat unten links) und Zustand nach $t/T = 10$ (verzerrte Linien).

materiellen Punkten markierten Quadrats (in Abb. 4.14 unten links) werden verzerrt, bleiben aber wie im Experiment im linken Bereich des Kasten als zusammenhängende Linien zu erkennen.

Die Identifikation eventueller stabiler periodischer Punkte in diesem dynamischen System erfolgt durch eine Poincaré-Abbildung. Dazu werden die Bahnenlinien von 45 Fluidpartikeln, die zu Anfang regelmäßig im Strömungsgebiet verteilt sind, über eine lange Zeit ($t/T = 100$) berechnet.

Die Darstellung der Lage dieser Partikel nach jeweils einer ganzen Periode $t = iT$, $i = 1, \ldots, 100$ führt auf die Abb. 4.15. Deutlich ist die auch im Experiment (Abb. 4.12) zu sehende Insel im linken Bereich des Kastens zu erkennen, in deren Zentrum ein stabiler periodischer Punkt liegt. Offensichtlich existieren aber noch mehr solcher Punkte im rechten Bereich, wobei gewisse Symmetrien bezüglich der horizontalen Achse zu sehen sind. Das Experiment bestätigt dieses numerische Ergebnis, da auch in der Abb. 4.12b noch gewisse Strukturen erkennbar sind.

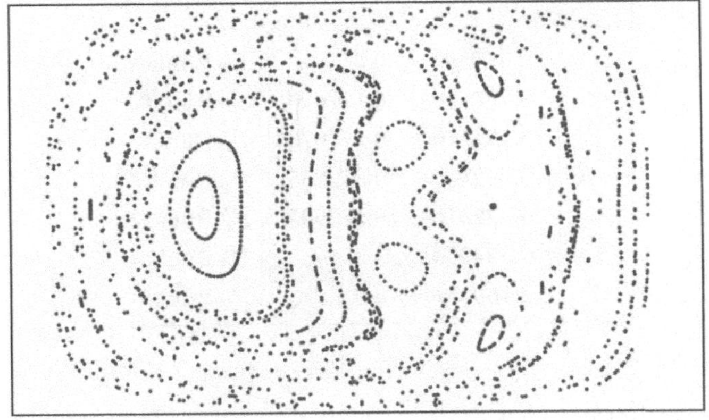

Abb. 4.15: Poincaré-Schnitt für $\bar{T} = 3.3$.

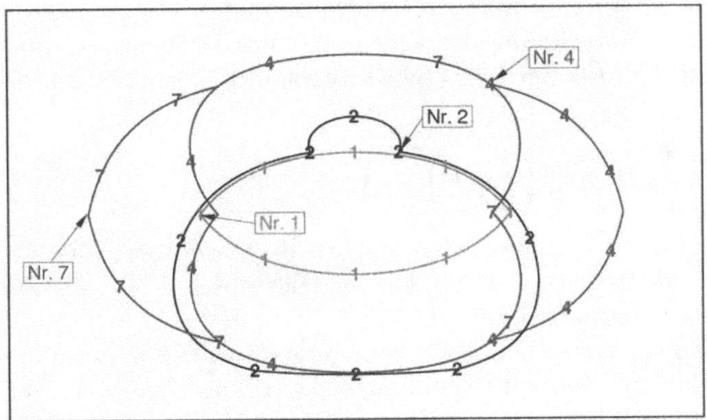

Abb. 4.16: Bahnlinien der stabilen periodischen Punkte für $\bar{T} = 3.3$, vergl. Tabelle 4.2.

Die Koordinaten einiger dieser stabilen periodischen Punkte sind in Tabelle 4.2 verzeichnet. Die Analyse zeigt, daß es sich hierbei um P_1 und um P_2 stabile Punkte handelt. Deren Entstehung ist anhand der Bahnlinien von Partikeln in Abb. 4.16 zu sehen. Die Startpositionen sind durch Pfeile mar-

Tabelle 4.2: Stabile periodische Punkte in der *driven-cavity*-Konfiguration für $\bar{T} = 3.3$

Nr.	x_P	y_P	Bemerkung
1	-0.445584	0.0	P_1-Punkt
2	0.127410	0.177670	P_1-Punkt
3	0.127410	-0.177670	P_1-Punkt
4	0.392310	0.372965	P_2-Punkt
5	0.392310	-0.372965	P_2-Punkt
6	0.394990	0.0	P_2-Punkt
7	-0.769650	0.0	P_2-Punkt

kiert. Zunächst bewegt sich die untere Wand nach links. Dadurch wird das Partikel Nr. 1 nach rechts auf der oberen grünen Bahn geführt. Durch die Bewegung der oberen Platte kehrt es wieder an die ursprüngliche Stelle zurück, entsprechend einem stabilen P_1-Punkt. Bei einem P_2-Punkten, bspw. Nr. 7, kommt das Partikel längs seiner Bahn erst nach zwei vollständigen Perioden an den Anfangswert zurück. Die Stabilität der periodischen Punkte wird durch die Berechnung der Eigenwerte des Deformationsgradiententensors $\mathbf{F}$ überprüft. Bei der hier ebenen Strömung reduziert sich die Gl.(4.17) auf die Form

$$\lambda_{1,2} = \frac{1}{2}\mathrm{sp}\,\mathbf{F} \pm \sqrt{\left(\frac{1}{2}\mathrm{sp}\,\mathbf{F}\right)^2 - 1}. \tag{4.33}$$

Für die in Tab. 4.2 angegebenen Punkte in den Zentren der Tori sind die Eigenwerte jeweils betragsmäßig kleiner oder gleich 1 und damit handelt es sich um stabile periodische Punkte.

In den Simulationsergebnissen ist zu erkennen, daß in der näheren Umgebung der stabilen Punkte die Fluidpartikel zwar nicht an ihren Startpunkt zurückkommen, sich aber nicht großräumig im Laufe der Zeit verteilen, sondern einen geschlossenen Ring bilden. Sie bleiben also in gewisser Hinsicht benachbart, wobei die Größe der Inseln ganz unterschiedlich ausfallen. Offensichtlich handelt es sich hierbei um die in Abschnitt 4.4 erwähnten Grenzmengen.

Der Mischerfolg bei der hier betrachteten Konfiguration ist durch die Ausbildung der stabilen periodischen Punkte nicht besonders gut. Erhöht man

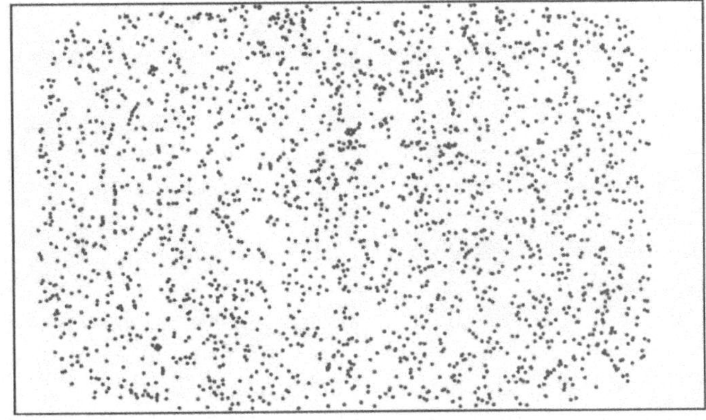

Abb. 4.17: Poincaré-Schnitt für $\bar{T} = 4.1$: Das dynamische System ist global chaotisch.

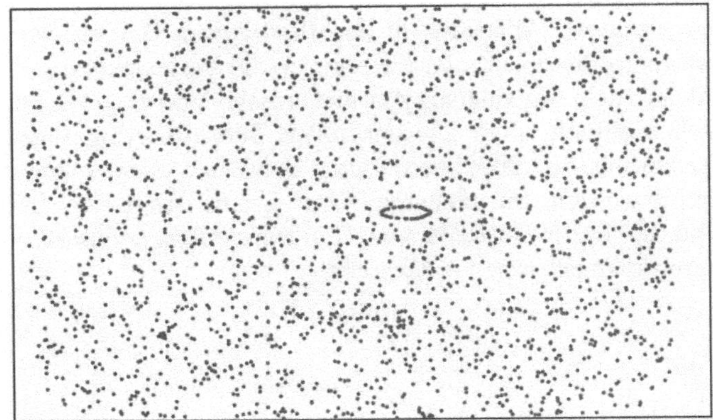

Abb. 4.18: Poincaré-Schnitt für $\bar{T} = 6.0$: Das dynamische System ist überwiegend global chaotisch, mit mindestens einem stabilen Punkt.

nun bei ansonsten gleichen Bedingungen (Geometrie und Zeitfunktion) die Periodendauer $\bar{T}$, so verändern sich einerseits die Lagen der periodischen Punkte und andererseits verkleinern sich die Größen der Inseln. Ab $\bar{T} > 4.1$ sind gar keine periodischen Punkte mehr zu erkennen und das dynamische System reagiert chaotisch (Abb. 4.17). Bei weiterer Erhöhung der Periodendauer auf $\bar{T} = 6.0$ ist wieder eine kleine Insel mit einem stabilen periodischen Punkt in der Mitte zu erkennen (Abb. 4.18), der aber schon bei $\bar{T} = 6.2$ wieder im Chaos verschwindet.

Konsequenterweise sollte die untersuchte *driven-cavity*-Konfiguration für eine gute Mischwirkung mit einer Periodendauer betrieben werden, die sicherstellt, daß sich die Fluidpartikel chaotisch im gesamten Strömungsraum verteilen.

Die Ursache für das Entstehen der stabilen periodischen Punkte liegt natürlich in der strikten periodischen Bewegung der Wände. Bricht man die Periodizität, beobachtet man auch bei kleinen Periodendauern chaotisches Verhalten. Allgemein kann demnach durch eine aperiodische instationäre Bewegung bei beliebiger Periodendauer in einer *driven-cavity*-Konfiguration eine gute Durchmischung erwartet werden.

Die Ergebnisse bestätigen, daß die zweidimensionale *driven-cavity*-Konfiguration sehr gut geeignet ist, tiefergehende Einblicke in die grundsätzlichen Mischvorgänge und das Entstehen eines chaotischen Systemverhaltens zu bekommen. Für das Mischen in Teilen von technisch relevanten Mischapparaten kann diese Konfiguration ein gutes Modell darstellen. Numerische und experimentelle Untersuchungen in der Literatur an anderen Modellgeometrien, z.B. an einem *2D-cavity-transfer-mixer* [99] oder an zweidimensionalen Schmierspaltströmungen [87, 42] zeigen ähnliches Systemverhalten bei instationärer Strömungsanregung.

Eine Bewertung der Mischung in den chaotischen Betriebsbereichen (periodisch oder aperiodisch) ist allerdings durch die bis jetzt angewendeten Methoden nicht möglich. Sie zeigen zwar auf, welche Parameterkonfigurationen für das Mischen günstig sind. Die optimalen Betriebsbedingungen (bezogen auf den Mischerfolg) in diesen günstigen Bereichen können hieraus jedoch nicht extrahiert werden. Im nächsten Kapitel wird daher ein Mischungsmaß auf der Basis der Deformationen von Fluidelementen definiert, welches ein geeignetes Bewertungskriterium darstellt.

5. Bewertung des Mischerfolgs

Die Anwendung der Methoden zur Analyse dynamischer System auf Mischvorgänge fluider Medien trägt wesentlich zum tieferen Verständnis bei. Die Ergebnisse resultieren aus der diskretisierten Betrachtung der Bahnlinien durch den Mischapparat. Doch können aus der Berechnung der Bahnen neben der Zeit und dem Ort zu bestimmten Zeitpunkten noch weitere Informationen gewonnen werden.

In [93] wird ein Charakterisierungsmaß des Mischvorgangs vorgeschlagen, in welchem der von Fluidpartikeln zurückgelegte Weg eine zentrale Rolle spielt. Da Partikel, je nach Anfangslage, einen kontinuierlichen Mischapparat auf ganz unterschiedlichen Bahnen durchlaufen, sind neben der Verweilzeit auch die Länge der Wege. Ähnlich der Verweilzeitverteilung läßt sich dann eine Bahnlinien-Längen-Verteilung definieren. Dabei bezeichnet $f(l)dl$ denjenigen Volumenanteil von Fluidpartikeln im austretenden Volumenstrom, deren Längen zwischen l und $l + dl$ liegen.

Die Aussagekraft einer solchen Verteilung auf der Basis des zurückgelegten Weges bezüglich der Effizienz eines Mischvorgangs ist jedoch begrenzt. Erinnert man sich an einen der wesentlichen physikalischen Prozesse beim laminaren Mischen, das Dehnen und Falten fluider Volumenelemente, so muß in einem Bewertungsmaß für den Mischvorgang diesem Umstand Rechnung getragen werden. Es interessiert nämlich nicht nur, auf welchem Weg und wohin die einzelnen Fluidpartikel innerhalb eines Mischers wandern, sondern insbesondere auch wie sich deren unmittelbare Umgebung verhält. Eine solche Sichtweise orientiert sich an der in [63] vorgeschlagenen Vorgehensweise. Ein quantitatives Mischgütemaß auf der Basis der Deformation materieller Fluidelemente wird im folgenden vorgestellt.

5.1 Deformationen

Der Deformationsgradient $\mathbf{F}$ ist in Abschnitt 2.1 als lokaler Transformationstensor von materiellen Linienelementen identifiziert worden. Das impliziert jedoch, daß auch bei einer Starrkörperbewegung der Tensor $\mathbf{F}$ von Null verschieden ist. Dies entspricht aber nicht den allgemeinen Vorstellungen einer Verzerrung, nach der ein Körper nur dann verzerrt wird, wenn er sich nicht starr bewegt. In dem noch zu definierenden Verzerrungsmaß muß dieses berücksichtigt werden.

Deshalb ist es zweckmäßig, den Deformationsgradient als Produkt zweier Tensoren darzustellen, z.B.

$$\mathbf{F} = \mathbf{RU}, \tag{5.1}$$

so daß $\mathbf{F}$ als Hintereinanderschaltung zweier Transformationen gedeutet werden kann.[1] Der Tensor $\mathbf{U} = (\mathbf{F}^T\mathbf{F})^{1/2}$ dehnt die Kanten eines infinitesimalen Fluidelements, das gerade in Hauptachsenrichtung von $\mathbf{U}$ orientiert ist und anschließend wird das Fluidelement durch die Transformation $\mathbf{R} = \mathbf{FU}^{-1}$ starr gedreht, vergl. Abb. 5.1. Nur wenn $\mathbf{U} \neq \mathbf{1}$ ist, findet also eine Verzerrung des Fluidelements aus der Anfangskonfiguration hin zur aktuellen Konfiguration statt. An Stelle von $\mathbf{U}$ wird in der Literatur üblicherweise der Rechts-Cauchy-Green-Tensor

$$\mathbf{C} = \mathbf{U}^2 = \mathbf{F}^T\mathbf{F} \tag{5.2}$$

verwendet. Der Tensor $\mathbf{C}$ ist symmetrisch und positiv definit. Aus der Definition (5.2), der Transformationsvorschrift (2.9) und Multiplikation mit $d\mathbf{r}$ von links

$$(d\mathbf{r})^2 = d\mathbf{r}_0\,\mathbf{C}(\mathbf{r}_0, t)d\mathbf{r}_0 \tag{5.3}$$

folgt sofort die anschauliche Bedeutung der Elemente von $\mathbf{C}$. Die Diagonalglieder kennzeichnen das Quadrat des Betrages, um den sich Linienelemente, die zu Anfang in Koordinatenrichtung orientiert waren, gedehnt haben. Die Nebendiagonalelemente beschreiben die Verzerrung der zwischen den Koordinatenrichtungen eingeschlossenen Winkel:

$$C_{ii} = \frac{|dr_i|^2}{|dr_{0,i}|^2},$$
$$C_{ij} = \cos\varphi_{ij}\sqrt{C_{ii}C_{jj}}.$$

Im übrigen gilt für die dritte Invariante $III_{\mathbf{C}} = \det\mathbf{C} = (\det\mathbf{F})^2$ und insbesondere

$$dV = \sqrt{\det\mathbf{C}}\,dV_0. \tag{5.4}$$

Zwangsläufig ist im Fall einer inkompressiblen Strömung auch $\det\mathbf{C} = 1$.

Der Tensor $\mathbf{C}$ bezieht sich allein auf die Verzerrung von Linienelementen. Eine korrespondierende Beziehung für die Verformung einer infinitesimalen materiellen Fläche kann durch den Piolaschen Verformungstensor erfolgen. Er ist definiert zu

$$\mathbf{C}^{-1} = \mathbf{F}^{-1}\mathbf{F}^{-1,T}. \tag{5.5}$$

---

[1] Jeder Tensor, dessen Determinante größer als Null ist, kann *polar* in ein Produkt zerlegt werden. Möglich wäre hier auch $\mathbf{F} = \mathbf{VR}$. Der Tensor $\mathbf{R}$ ist eigentlich orthogonal und sowohl der Tensor $\mathbf{U}$ als auch der Tensor $\mathbf{V}$ sind positiv definit.

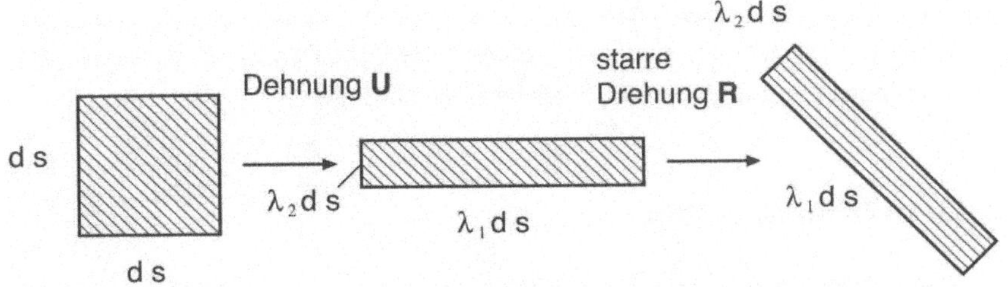

Abb. 5.1: Zur Interpretation des Deformationstensors $\mathbf{F}$

Erinnert man sich an die Beziehung (2.16), welche die Änderung eines materiellen Flächenelements beschrieb,

$$d\mathbf{A} = \det \mathbf{F}\, \mathbf{F}^{-1,T} d\mathbf{A}_0,$$

berücksichtigt die Inkompressibilität und multipliziert $d\mathbf{A}$ von links, so resultiert schließlich

$$(d\mathbf{A})^2 = d\mathbf{A}_0 \mathbf{C}^{-1} d\mathbf{A}_0. \tag{5.6}$$

Der Piolasche Verformungstensor $\mathbf{C}^{-1}(\mathbf{r}_0, t)$ hat für vektorielle Flächenelemente also die gleiche Bedeutung wie der Rechts-Cauchy-Green-Tensor $\mathbf{C}$ für materielle Linienelemente.

Mit den Beziehungen (5.3), (5.4) und (5.6) sind damit Gleichungen bereitgestellt, die die Verzerrung sowohl von infinitesimalen Linienelementen als auch Flächenelementen und Volumenelementen beschreiben. Sie sind aus dem absoluten Verzerrungsgradienten $\mathbf{F}$ abgeleitet und hängen von der Anfangskonfiguration $\mathbf{r}_0$ und von der Zeit t ab.[2]

Die hier eingeführten Verzerrungsgrößen sind materielle Maße. Sie beschreiben die Verzerrungen bezüglich der Referenzkonfiguration, die oftmals mit dem unverzerrten Zustand übereinstimmt. Im Gegensatz dazu können auch räumliche Maße eingeführt werden. Sie beziehen die Referenzkonfiguration auf die gegenwärtige Konfiguration, beispielsweise der Greensche Verformungstensor $\mathbf{B}^{-1} = \mathbf{F}^{-1,T}\mathbf{F}^{-1}$.

---

[2] Außer den absoluten Verzerrungsgrößen können natürlich auch relative Verformungsgrößen verwendet werden. Insbesondere in den rheologischen Stoffgesetzen einfacher Flüssigkeiten mit Gedächtnis werden zweckmäßiger Weise relative Größen eingesetzt. Diese transformieren die Verzerrungen aus der aktuellen Konfiguration zur Zeit t in die Konfiguration zu den früheren Zeiten $t - s$. Die Zeitvariable s zeigt dabei in die Vergangenheit ($0 \leq s < \infty$). Zur Unterscheidung zu den absoluten Größen wird dann ein tiefgestellter Index t eingeführt. Beide Größen stehen über die Beziehung

$$\mathbf{F}(t - s) = \mathbf{F}_t(s)\mathbf{F}(t)$$

im Zusammenhang.

Für die Verwendung in einem Mischungsmaß sind die materiellen Tensoren jedoch besser geeignet. Sie stützen die anschauliche Vorstellung eines zu Anfang angefärbten Volumenelements und dessen zeitliche Verformung.

5.2 Deformationsmaß

Aus den bisherigen Ausführungen wird klar, daß konvektives Mischen mit der Deformation materieller Linien-, Flächen- und Volumenelemente einhergeht. So liegt es nahe, die oben eingeführten Deformationsgrößen zur Bewertung eines Mischprozesses heranzuziehen. Um zu einer koordinateninvarianten Formulierung zu gelangen, ist es sinnvoll, in ein Mischungsmaß die Grundinvarianten einfließen zu lassen. Da bei inkompressiblen Strömungen nach Gl. (5.4) für jedes Fluidelement zu jeder Zeit $\det \mathbf{C} = \det \mathbf{C}^{-1} = 1$ gilt, verbleiben jeweils nur zwei variable Invarianten. Diese sind dann auch noch wechselseitig gleich groß, d.h.

$$I_{\mathbf{C}^{-1}} = II_{\mathbf{C}}, \qquad II_{\mathbf{C}^{-1}} = I_{\mathbf{C}}.$$

So geben die beiden Ausdrücke $I_{\mathbf{C}} = \mathrm{sp}\,\mathbf{C}(\mathbf{r}_0, t)$ und $I_{\mathbf{C}^{-1}} = \mathrm{sp}\,\mathbf{C}^{-1}(\mathbf{r}_0, t)$ die bis zur Zeit t kumulierte Deformation eines bei $\mathbf{r}_0$ gestarteten Volumenelements wieder. Gewichtet man beide Anteile gleich groß, resultiert ein skalares Deformationsmaß

$$\Lambda(\mathbf{r}_0, t) = \frac{1}{2}\left(\sqrt{\frac{1}{3}\mathrm{sp}\,\mathbf{C}(\mathbf{r}_0, t)} + \sqrt{\frac{1}{3}\mathrm{sp}\,\mathbf{C}^{-1}(\mathbf{r}_0, t)}\right), \tag{5.7}$$

das zugleich als lokales Maß für die Mischgüte gedeutet werden kann. Durch den Faktor 1/3 in den Argumenten der Wurzelfunktion wird das Maß auf den Wert $\Lambda(\mathbf{r}_0, 0) = 1$ im unverzerrten Zustand entsprechend dem Anfangszustand des Deformationsgradienten definiert. Große Werte von Λ bedeuten, daß zu Anfang infinitesimal benachbarte Fluidpartikel sich weit voneinander entfernen und es damit zu einer homogenen Vermengung aller Fluidelemente kommt.

Im Zusammenhang mit Mischprozessen ist neben den absoluten Werten des Mischungsmaßes Λ auch die zeitliche Änderung von Interesse. Da bei weit divergierenden Fluidpartikeln das Maß Λ, wie man noch erkennen wird, exponentiell anwächst, wird hier eine Wachstumsrate der Deformation in der Form

$$e_\Lambda = \frac{\partial \ln \Lambda}{\partial t} \tag{5.8}$$

eingeführt. So ist es für einen Mischprozeß natürlich günstig, wenn das Deformationswachstum in dem Apparat mit der Zeit zunimmt oder zumindest einen gleichbleibenden hohen Wert erreicht.

5.3 Verteilungsfunktion für die Deformation

Das Deformationsmaß Λ ist definitionsgemäß von der Zeit und von der Startposition $\mathbf{r}_0$ abhängig. Bei realen Strömungen ist je nach anfänglicher Lage der Partikel eine ganz unterschiedliche Deformation zu erwarten. Um einen Apparat zu charakterisieren und um eine statistische Aussage über den Mischvorgang treffen zu können, werden ähnlich der Verweilzeitverteilungsfunktion (RTD) hier Verteilungsfunktionen für die Deformation eingeführt. Die Anzahlverteilung $g(\Lambda)d\Lambda$ ist der Anteil der betrachteten Partikel, die Deformationen zwischen Λ und $\Lambda + d\Lambda$ erfahren haben. Die kumulierende Funktion ist durch

$$G(\Lambda) = \int_1^\Lambda g(\Lambda')d\Lambda' \tag{5.9}$$

definiert.

In Anlehnung an die Definition der Verweilzeitverteilung kann auch für die Deformation eine volumenstromgewichtete Verteilungsfunktion eingeführt werden. Dann repräsentiert $h(\Lambda)d\Lambda$ den Bruchteil des gesamten Volumenstroms, der Deformationen zwischen Λ und $\Lambda + d\Lambda$ erfahren hat. Es gilt wiederum

$$H(\Lambda) = \int_1^\Lambda h(\Lambda')d\Lambda'. \tag{5.10}$$

Beide Verteilungsfunktionen haben definitionsgemäß die Eigenschaft, daß sie im Intervall $[0, 1]$ liegen. Sie unterscheiden sich in der Gewichtung der Deformationen. Während bei der Anzahlverteilung alle im Mischapparat erfahrenen Deformationen mit dem gleichen Gewicht berücksichtigt werden, sind bei der Verteilungsfunktion $H(\Lambda)$ diejenigen Deformationen höher gewichtet, die mit einem erhöhten Volumenstromanteil (bezogen auf den Gesamtvolumenstrom) aus dem Apparat austreten. Zwar mag eine Gewichtung in dieser Art durchaus vernünftig sein, aber die Konstruktion einer solchen Verteilungsfunktion auf experimentellem oder numerischem Wege ist mit gewissen Schwierigkeiten verbunden. Deswegen wird in dieser Arbeit meist die Angabe einer Anzahlverteilung bevorzugt.

Die so gebildete Deformationsverteilungsfunktion $G(\Lambda)$ ist geeignet, die Deformation von Fluidvolumina in einem Apparat zu beschreiben. Einerseits ist es für einen Mischapparat wünschenswert, daß hohe Deformationen auftreten, anderseits sollte die Verteilung nicht zu breit ausfallen, da dies auf Gebiete innerhalb des Apparats hinweist, in denen zu Anfang benachbarte Fluidpartikel auch später noch kompakt beieinander liegen. Die absoluten Werte der Deformationsverteilungen haben eine begrenzte Aussagekraft, vielmehr sind sie im Vergleich zu anderen Apparaten bzw. zu idealisierten Mischprozessen zu sehen. Ein solcher Vergleich ist dann die Grundlage einer Bewertung.

5.4 Anwendungen auf idealisierte Strömungen

Das lokale Mischgütemaß und dessen Verteilungsfunktionen sollen hier anhand einfacher Strömungen erläutert und diskutiert werden. Diese Stromfelder zeichnen sich dadurch aus, daß die Geschwindigkeitskomponenten durch analytische Funktionen dargestellt werden können. Dadurch läßt sich auch die Abhängigkeit des Deformationsmaßes von den äußeren Einflußparametern erkennen. Zudem können reale Mischprozesse anhand dieser idealisierten Strömungsverhältnisse bewertet werden.

5.4.1 Stationäre Schichtenströmungen

Kinematisch einfache Strömungen werden beim Transport von Flüssigkeiten durch Rohre oder Kanäle realisiert. Dabei werden materielle Flächen durch die Bewegung nicht verzerrt, sondern gleiten aufeinander ab. Diese Gleitflächen verschieben oder drehen sich somit als starre Flächen und können durch bewegte feste Wände ersetzt werden. Beispiele solcher Schichtenströmungen stehen in der Tabelle 5.1. Bei der Wahl einer natürlichen Basis, in der die Einheitsvektoren $\mathbf{e}_1$ in Strömungsrichtung und $\mathbf{e}_2$ senkrecht zu den Gleitflächen zeigen, zeichnen sich die Schichtenströmungen dadurch aus, daß die Deformation eines Fluidelements lokal in einer Scherung mit der Schergeschwindigkeit $\dot{\gamma}$ besteht. Zusätzlich drehen sich die Fluidelemente. Strömungen mit diesen Eigenschaften nennt man auch *viskosimetrisch*.

Tabelle 5.1: Beispiele für Schichtenströmungen

Strömungsform	Natürliche Basis	Schergeschwindigkeit
Einachsige Kanalströmung	x, y, z	$\partial v_z / \partial y$
Axiale Rohrströmung	z, r, φ	$\partial v_z / \partial r$
Couetteströmung	φ, r, z	$r \, \partial \left(v_\varphi / r \right) / \partial r$
Torsionsströmung	φ, z, r	$r \, \partial \omega / \partial z$
Schraubenströmung	$-, r, -$	$\sqrt{\left(\frac{\partial v_z}{\partial r} \right)^2 + \left(r \frac{\partial}{\partial r} \left(\frac{v_\varphi}{r} \right) \right)^2}$

Im weiteren soll zunächst die einachsige Kanalströmung näher betrachtet werden. In kartesischen Koordinaten ist nur die Geschwindigkeitskomponente u von Null verschieden,

$$u(y) = \dot{\gamma} y, \quad v = 0, \quad w = 0. \tag{5.11}$$

Mit den Anfangsbedingungen $\mathbf{x}(t = 0) = \mathbf{x}_0$ erhält man die Bahnen fluider Partikel in einfacher Weise: $x = \dot{\gamma} y\, t + x_0$, $y = y_0$, $z = z_0$. Der Tensor $\mathbf{F}$ einer solchen Strömung hat dann folgende Gestalt

$$\mathbf{F} = \begin{pmatrix} 1 & \dot{\gamma}t & 0 \\ 0 & 1 & 0 \\ 0 & 0 & 1 \end{pmatrix}.$$ (5.12)

Daraus folgt sofort der Rechts-Cauchy-Green-Tensor zu

$$\mathbf{C} = \begin{pmatrix} 1 & \dot{\gamma}t & 0 \\ \dot{\gamma}t & 1 + (\dot{\gamma}t)^2 & 0 \\ 0 & 0 & 1 \end{pmatrix},$$ (5.13)

und mit $\mathrm{sp}\,\mathbf{C} = \mathrm{sp}\,\mathbf{C}^{-1}$ ergibt sich der Ausdruck

$$\Lambda(\mathbf{x}, t) = \sqrt{\frac{1}{3}\left[3 + (\dot{\gamma}t)^2\right]}$$ (5.14)

für das Deformationsmaß. Man erkennt unschwer, daß die Deformation nur von der Zeit und der Schergeschwindigkeit, jedoch nicht vom Ort abhängt. In Abb. 5.2 ist der zeitliche Verlauf von Λ im doppelt logarithmischen Maßstab verzeichnet. Ausgehend von dem unverzerrten Zustand steigt das Mischgütemaß an und wächst für große Zeiten linear mit der Zeit. Ein solches Wachstum von Λ ist für den Mischprozeß ineffektiv. Dies läßt sich auch an der Effizienzfunktion

$$e_\Lambda = \frac{\partial \ln \Lambda}{\partial t} = \frac{\dot{\gamma}^2 t}{3 + \dot{\gamma}^2 t^2}$$ (5.15)

erkennen, die ebenfalls in Abb. 5.2 eingetragen ist. Die Funktion steigt zunächst an und erreicht ein Maximum von $e_\Lambda(max) = \sqrt{3}/6$, um dann mit t^{-1} abzufallen.

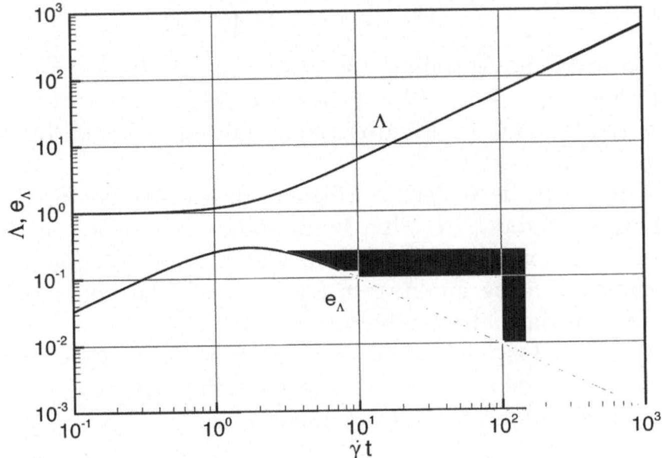

Abb. 5.2: Zeitliche Verläufe des Deformationsmaßes und der Effizienzfunktion für eine laminare Kanalströmung

Die Konsequenz dieses bei Schichtenströmungen prinzipiellen Verhaltens wird beispielsweise bei der vollausgebildeten, laminaren Rohrströmung deutlich. Hier hängt die einzig vorhandene Geschwindigkeitskomponente v_z nur von dem Achsabstand r ab. Bei Verwendung von Zylinderkoordinaten r, φ, z gilt für das axiale Geschwindigkeitsprofil bekanntlich

$$v_z(r) = 2\bar{v}_z \left(1 - \frac{4r^2}{d^2} \right), \qquad (5.16)$$

wenn mit $\bar{v}_z$ die mittlere Strömungsgeschwindigkeit und mit d der Rohrdurchmesser bezeichnet wird. Es ist sinnvoll als Verfahrensparameter statt der Zeit die axiale Länge z des Rohres einzuführen,

$$t(r) = \frac{z}{v_z} \, (r), \qquad (5.17)$$

die, wie auch die lokale Schergeschwindigkeit

$$\dot{\gamma} = \frac{\partial v_z}{\partial r} = \frac{-16\bar{v}_z}{d^2} r, \qquad (5.18)$$

vom Achsabstand abhängt. Somit gilt für das lokale Mischgütemaß

$$\Lambda(r, z) = \sqrt{\frac{1}{3} \left(3 + \left(\frac{8zr}{d^2 - 4r^2} \right)^2 \right)}. \qquad (5.19)$$

Das Maß Λ durchläuft im Querschnitt des Rohres ein Wertespektrum. Dies reicht von unverzerrt ($\Lambda(0, z) = 1$) in der Rohrmitte bis $\Lambda \to \infty$ am äußeren Rand. Nach kurzer Rechnung gelangt man zur Verteilungsfunktion $G(\Lambda)$ nach Gl.(5.9). Sie gibt Aufschluß über die Verteilung der Deformation:

$$G(\Lambda, z/d) = 1 + \frac{8}{3} \frac{(z/d)^2}{(\Lambda^2 - 1)} - \sqrt{\left(1 + \frac{8}{3} \frac{(z/d)^2}{(\Lambda^2 - 1)} \right)^2 - 1}. \qquad (5.20)$$

Abbildung 5.3a zeigt die Verteilungsfunktionen $G(\Lambda)$ in Abhängigkeit der relativen Rohrlänge z/d. Für $z/d = 2$ liegt der Medianwert der Verteilung bei $\Lambda_{0.5} = 6.6$ und ca. 63% der Fluidpartikel erfahren Deformationen, für die gilt: $\Lambda < 10$.

Deutlich wird auch die schlechte Effizienz dieser Art der Strömung anhand des Scharparameters z/d. Eine Verdopplung der relativen Rohrlänge erbringt nur eine Verdoppelung der Deformation. Der Kurvenparameter z/d verschiebt also lediglich die Funktionen $G(\Lambda)$ parallel zu höheren Deformationen, der Kurvenverlauf bleibt erhalten.

Betrachtet man neben der Anzahlverteilung auch die Deformationsverteilung $H(\Lambda)$, die mit dem Volumenstrom gewichtet ist, so ergibt sich ein ähnlicher Kurvenverlauf, da beide Funktionen über

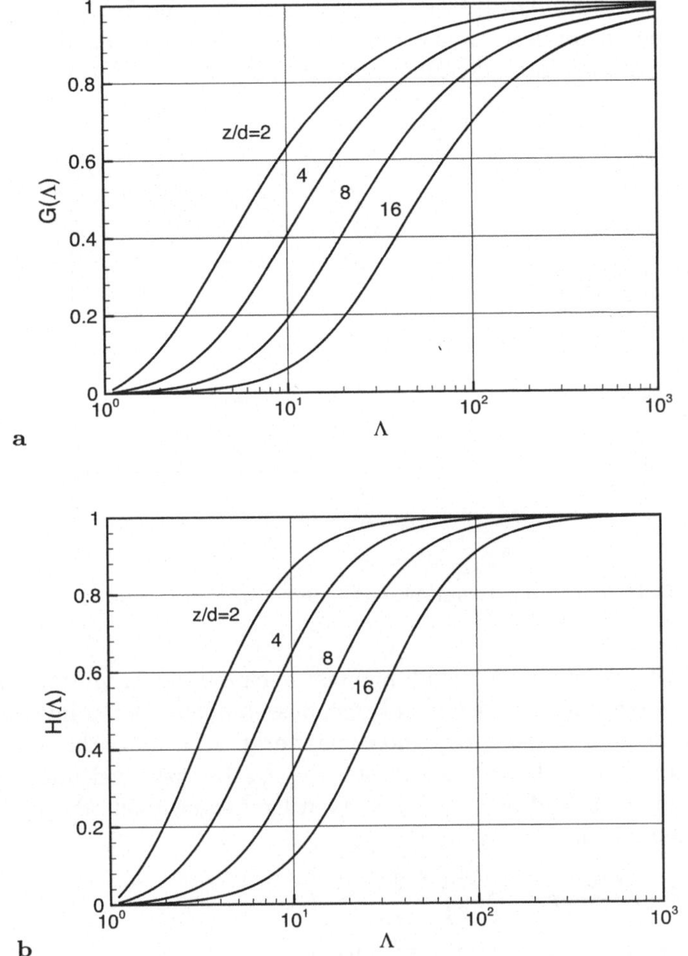

Abb. 5.3: Verteilungsfunktionen $G(\Lambda)$ (**a**) und $H(\Lambda)$ (**b**) für eine laminare Rohrströmung in Abhängigkeit der relativen Rohrlänge z/d

$$H(\Lambda, z/d) = 1 - \frac{16}{3} \frac{(z/d)^2}{(\Lambda^2 - 1)} G(\Lambda, z/d)$$

$$= 2\,G(\Lambda, z/d) - G(\Lambda, z/d)^2 \tag{5.21}$$

miteinander zusammenhängen. Durch die Gewichtung resultiert, daß insbesondere bei dem Median von $G(\Lambda_{0.5}) = 0.5$ die Deformationsverteilung schon auf $H(\Lambda) = 0.75$ angewachsen ist, vergl. Abb. 5.3b. Die kleineren Deformationen werden hierbei höher gewichtet, die größeren Werte erhalten ein kleineres Gewicht gegenüber der Anzahlverteilung. Der prinzipielle Verlauf der Verteilungsfunktionen bleibt aber hier erhalten. Bei Verdoppelung der relativen Rohrlänge erhöht sich auch die Deformation nur um den Faktor 2.

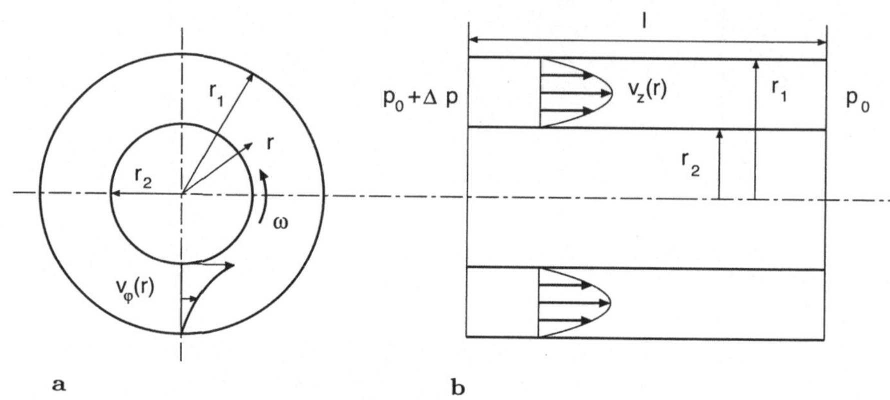

Abb. 5.4: Schraubenströmung: **(a)** Querschnitt, **(b)** Seitenansicht

Im Hinblick auf spätere Anwendungen ist noch die sogenannte Schraubenströmung in einem kreisringförmigen Rohr, dessen innere Wand mit der Winkelgeschwindigkeit ω rotiert, von Interesse, vergl. Abb. 5.4. Das Geschwindigkeitsfeld im Zylinderkoordinatensystem r, φ, z besitzt zwei ungekoppelte Anteile, die nur vom Radius, nicht aber vom Umfangswinkel oder der Axialkoordinate abhängen:

$$v_\varphi(r) = -\frac{\kappa^2 \omega}{1 - \kappa^2} r + \frac{r_1^2 \, \kappa^2 \, \omega^2}{1 - \kappa^2} \frac{1}{r} \tag{5.22}$$

$$v_z(r) = \frac{c}{4} \left[r_1^2 - r^2 - \frac{r_1^2 (1 - \kappa^2) \ln(r/r_1)}{\ln \kappa} \right] \tag{5.23}$$

Hierbei gehen das Radienverhältnis $\kappa = r_2/r_1$ zwischen dem inneren Radius r_2 und dem äußeren Radius r_1 sowie ein Druckparameter $c = \Delta p/(l\eta)$ ein. Ein Fluidelement bewegt sich auf einer Schraubenlinie mit dem Steigungswinkel v_z/v_φ und behält dabei seinen Abstand r von der Drehachse bei. Die kreiszylindrischen Gleitschichten drehen sich und verschieben sich zusätzlich in axialer Richtung. Die im Anhang beschriebenen Berechnungsvorschriften für ein Zylinderkoordinatensystem liefern den Deformationsgradienten

$$\mathbf{F} = \begin{pmatrix} 1 & 0 & 0 \\ k_1(r,t) & 1 & 0 \\ k_2(r,t) & 0 & 1 \end{pmatrix}, \tag{5.24}$$

und den daraus gebildete Rechts-Cauchy-Green-Tensor

$$\mathbf{C} = \begin{pmatrix} 1 + k_1^2(r,t) + k_2^2(r,t) & k_1(r,t) & k_2(r,t) \\ k_1(r,t) & 1 & 0 \\ k_2(r,t) & 0 & 1 \end{pmatrix}, \qquad (5.25)$$

mit den Abkürzungen

$$k_1 = t\,r\,\frac{d(v_\varphi/r)}{dr} = -2\,t\frac{r_1^2\,\kappa^2\,\omega}{1-\kappa^2}\,\frac{1}{r^2},$$

$$k_2 = t\,\frac{dv_z}{dr} = -t\,\frac{c}{4}\left(2r + \frac{r_1^3(1-\kappa^2)}{\ln(\kappa)\,r}\right).$$

Schließlich gelangt man nach einigen Umformungen zu dem Mischungsmaß

$$\Lambda(r,t) = \sqrt{\frac{1}{3}\left(3 + k_1^2(r,t) + k_2^2(r,t)\right)}. \qquad (5.26)$$

Hier läßt sich leicht der Zusammenhang mit Gl.(5.14) erkennen, wenn man die Summe $k_1^2 + k_2^2$ in (5.26) mit der Schergeschwindigkeit der Form

$$\dot{\gamma}\,t = t\sqrt{\left(\frac{dv_z}{dr}\right)^2 + r^2\left(\frac{dv_\varphi/r}{dr}\right)^2}$$

in Verbindung bringt, vergl. Tabelle 5.1. Entsprechend wächst das Mischungsmaß bei der Schraubenströmung für große Zeiten linear mit der Zeit.

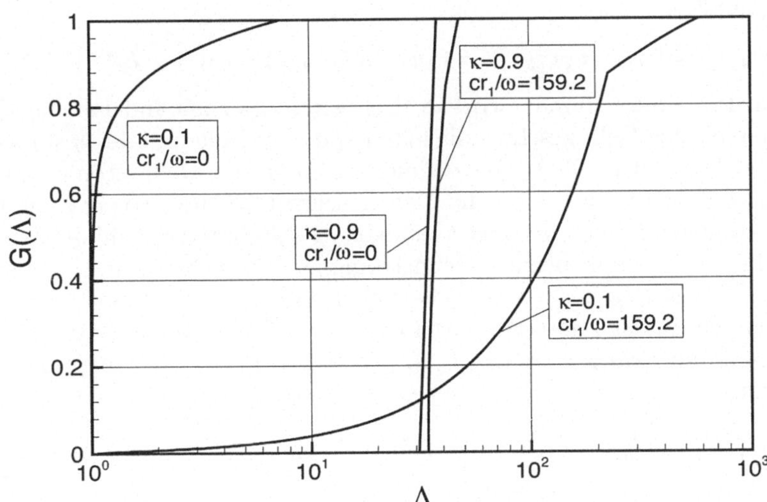

Abb. 5.5: Verteilung des Deformationsmaßes für ausgewählte Zustände einer Schraubenströmung

In der Abb. 5.5 wird der Einfluß der Spaltweite und der Anteil der Druckströmung auf die Deformationsverteilung deutlich. Dazu werden in Abhängigkeit der beiden Kennzahlen

$$\frac{c\,r_1}{\omega}, \qquad \kappa = \frac{r_2}{r_1}$$

die Deformationen $\Lambda(r)$ zu einem festen Zeitpunkt $t\omega = 2\pi$ berechnet und als Anzahlverteilungsfunktion $G(\Lambda)$ aufgetragen. Für kleine Spalte zwischen den Zylindern, $\kappa \to 1$, wird die Deformation von Fluidelementen von der Umfangsgeschwindigkeit dominiert. Es stellt sich eine über den Querschnitt nahezu konstante Deformation ein, wie man es etwa für eine Kanalströmung erwartet. Beim Einschalten des Druckparameters ($c > 0$) ändert sich die Verteilung nur wenig. Anders sieht dies bei großen Spalten aus, dann dominiert die Druckströmung und die Verteilungsfunktion geht in diejenige einer Rohrströmung über. Der Knick in den Verteilungfunktionen für den Parameter ($cr_1/\omega = 159.2$) resultiert aus dem Anteil k_2 in Gl. (5.26). Da die hier maßgebliche Ableitung $\partial v_z/\partial r$ nicht symmetrisch zur Lage des Geschwindigkeitsmaximums ist, werden in der Nähe des inneren Zylinders deutlich höhere Werte erreicht als am äußeren Zylinder. Ab einem bestimmten Radienverhältnis setzen sich diese hohen Werte gegenüber den anderen Deformationen in der Verteilungsfunktion durch.

5.4.2 Stationäre Dehnströmung

Eine einfache, stationäre und isochore Dehnströmung läßt sich mit dem Geschwindigkeitsfeld

$$u(x,y,z) = \dot{\epsilon}_1 x, \quad v(x,y,z) = \dot{\epsilon}_2 y, \quad w(x,y,z) = -(\dot{\epsilon}_1 + \dot{\epsilon}_2)z \qquad (5.27)$$

realisieren. Ein Fluidvolumen wird in drei senkrecht zueinander stehenden Richtungen mit den Dehngeschwindigkeiten $\dot{\epsilon}_1$ und $\dot{\epsilon}_2$ gedehnt oder gestaucht. In einer solchen, nach Gl. (5.27) definierten einfachen Dehnströmung mit der Eigenschaft $\mathrm{div}\,\mathbf{v} = 0$ sind die Dehngeschwindigkeiten sogar räumlich konstant, können aber von der Zeit abhängen. Bei geeigneter Wahl der Werte für $\dot{\epsilon}_1$ und $\dot{\epsilon}_2$ erhält man spezielle Dehnströmungen: einachsig mit $\dot{\epsilon}_1 = \dot{\epsilon}$ und $\dot{\epsilon}_2 = -\dot{\epsilon}/2$; biaxial mit $\dot{\epsilon}_1 = \dot{\epsilon}$ und $\dot{\epsilon}_2 = \dot{\epsilon}$; eben mit $\dot{\epsilon}_1 = \dot{\epsilon}$ und $\dot{\epsilon}_2 = -\dot{\epsilon}$.

Die Bahnen fluider Partikel hängen exponentiell von den Dehngeschwindigkeiten ab, und zwar $x = x_0 \exp(\dot{\epsilon}_1 t)$, $y = y_0 \exp(\dot{\epsilon}_2 t)$, $z = z_0 \exp(\dot{\epsilon}_2 t)$. In dem Tensor

$$\mathbf{F} = \begin{pmatrix} e^{\dot{\epsilon}_1 t} & 0 & 0 \\ 0 & e^{\dot{\epsilon}_2 t} & 0 \\ 0 & 0 & e^{-(\dot{\epsilon}_1 + \dot{\epsilon}_2)t} \end{pmatrix}, \qquad (5.28)$$

sind demnach nur die Hauptdiagonalelemente besetzt. Dies trifft dann natürlich auch für den Rechts-Cauchy-Green-Tensor zu,

$$\mathbf{C} = \begin{pmatrix} e^{2\dot\epsilon_1 t} & 0 & 0 \\ 0 & e^{2\dot\epsilon_2 t} & 0 \\ 0 & 0 & e^{-2(\dot\epsilon_1 + \dot\epsilon_2)t} \end{pmatrix}. \tag{5.29}$$

Daraus ergibt sich das Deformationsmaß zu

$$\Lambda(\mathbf{x}, t) = \sqrt{\frac{1}{3}\left(e^{2\dot\epsilon_1 t} + e^{2\dot\epsilon_2 t} + e^{-2(\dot\epsilon_1 + \dot\epsilon_2)t}\right)} \tag{5.30}$$

Hier ist ein wesentlicher Unterschied zu den viskosimetrischen Strömungen zu erkennen. Das Deformationsmaß steigt jeweils exponentiell, wobei die Unterschiede der verschiedenen Dehnströmungen verschwindend klein sind, vergl. Abb. 5.6. Infinitesimal benachbarte Fluidpartikel entfernen sich bei reinen Dehnströmungen also wesentlich schneller mit der Zeit als im Fall der reinen Scherung.

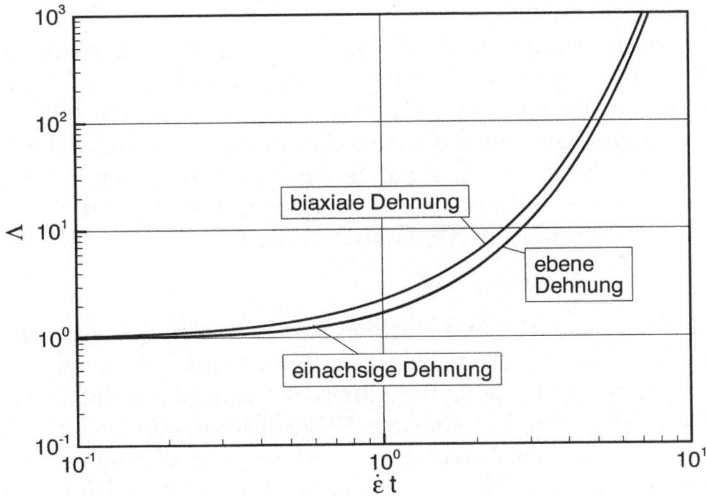

Abb. 5.6: Zeitliche Verläufe des Deformationsmaßes für eine einachsige, eine biaxiale und eine ebene Dehnströmung

Bildet man auch hier die Effizienzfunktion

$$e_\Lambda = \left.\frac{\partial \ln \Lambda}{\partial t}\right|_{t\to\infty} = \dot\epsilon \tag{5.31}$$

erhält man nach einer Einlaufzeit für große Zeiten sowohl bei der einachsigen und biaxialen als auch bei der ebenen Dehnströmung die Dehngeschwindigkeit selber. Im Gegensatz zu den vorher behandelten viskosimetrischen Strömungen fällt e_Λ demnach mit der Zeit nicht ab. Als Konsequenz für einen effizienten Mischprozeß untermauern diese rein idealisierten Betrachtungen die in der Praxis bekannte Erfahrung, daß in einem Mischapparat die Dehnanteile in der Strömung möglichst groß sein müssen. Bei einer reinen viskosimetrischen Strömung darf man keine guten Mischwirkungen erwarten.

5.5 Aspekte bei der numerischen Berechnung

Der Aufwand zur Ermittlung des Deformationsmaßes steigt deutlich gegenüber der reinen Berechnung der Bahnlinien (Kap. 4) an. Ist dort für die Bahnen von Fluidpartikeln im dreidimensionalen Fall ein System von drei Differentialgleichungen zu lösen, kommen nun neun weitere Differentialgleichungen für den Deformationsgradiententensor $\mathbf{F}$ hinzu. Es müssen also 12 DGLs simultan gelöst werden. Nur in einfachen Situationen, wie bei den in diesem Kapitel behandelten Strömungen, kann man eine analytische Funktion für das Mischungsmaß Λ angeben. Im allgemeinen ist eine numerische Integration erforderlich.

Insbesondere die Evolutionsgleichungen (2.17) sind bei Strömungen mit Dehnanteilen inhärent instabil, da die Lösungen dann exponentiell anwachsen. Deshalb ist zur numerischen Integration ein schnelles und sehr genaues Verfahren notwendig. Die Runge-Kutta-Fehlberg-Methode (RKF-Verfahren) [30] siebenter und achter Ordnung mit Schrittweitensteuerung als ein explizites Einschrittverfahren erfüllt diese Forderungen in sehr guter Weise. Man faßt dabei das Differentialgleichungssystem formal in der Form (4.1)

$$\dot{\mathbf{x}} = \mathbf{f}(\mathbf{x}), \qquad \text{mit} \quad \mathbf{x}(t_0) = \mathbf{x}_0$$

auf und identifiziert den Vektor $\dot{\mathbf{x}}$ mit den Komponenten von $\dot{\mathbf{r}}$ und $\dot{\mathbf{F}}$. Zwar liegt es nahe, die Näherungslösung zu einem Zeitpunkt $t \geq t_0$ in einem Schritt mit der Schrittweite $\bar{h} = t - t_0$ zu berechnen. Allerdings darf die Schrittweite nicht zu groß gewählt werden, um den Diskretisierungsfehler klein zu halten. Andererseits steigt der Berechnungsaufwand proportional mit der Zahl der Einzelschritte. Bei dem RKF-Verfahren werden zwei Näherungen, die aus verschiedenen Diskretisierungen von der Ordnung sieben und acht stammen, zur Steuerung der Schrittweite herangezogen. Liegt die Differenz beider Näherungen unterhalb einer vorgegebenen Fehlerschranke, wird das Ergebnis akzeptiert, andernfalls wird die Schrittweite entsprechend der Strategie in [85] reduziert.

Das RKF-Verfahren ist sehr ökonomisch, da für die Schrittweitensteuerung lediglich zwei zusätzliche Auswertungen der rechten Seite notwendig sind. In [16] wurde dieses Verfahren ausgiebig getestet und sehr erfolgreich bei der Berechnung von viskoelastischen Extraspannungen im Zusammenhang mit der numerischen Simulation stationärer zweidimensionaler Strömungen in Flüssigkeiten mit Gedächtnis eingesetzt. Die numerischen Ergebnisse zeigten dabei sehr gute Übereinstimmungen mit experimentell ermittelten Daten [106].

Bei der numerischen Integration ist zu berücksichtigen, daß das Geschwindigkeitsfeld $\mathbf{v}$ nicht als analytische Funktion, sondern als eine Finite-Elemente Approximation bereit steht. Dann ist der Geschwindigkeitsgrad"ententensor $\mathbf{L}$ durch den Gradienten der Ansatzfunktion zu ersetzen. Im Inneren jedes Elements sind die Ansatzfunktionen für die Geschwindigkeit und für den Gradienten glatt in den lokalen Ortskoordinaten. An den Übergängen gilt dies nicht mehr, da die Ansatzfunktionen für $\mathbf{v}$ i. allg. nur stetig gewählt werden und damit der Gradient in der Regel unstetig wird. An diesen Stellen sind die Voraussetzungen für die Schrittweitensteuerung des RKF-Verfahren verletzt.

Der Idee in [16] wird deshalb elementweise mit dem RKF-Verfahren integriert. Dazu muß bekannt sein, an welcher Stelle des Elements und zu welchem Zeitpunkt die Bahnlinie die Elementflächen schneidet, damit die numerische Integration im anschließenden Element weiter gehen kann. Dazu wird der Abstand der lokalen Ortkoordinate von den Elementflächen am Ende eines jeden Integrationsschritts berechnet. Befindet man sich außerhalb des betrachteten Elements ist der letzte Runge-Kutta-Schritt mit einer kleineren Schrittweite zu wiederholen. Sukzessive kann so die Zeit und der Ort des Elementübergangs bestimmt werden. Diese für zweidimensionale Strömungen in [16] entwickelte Methode der Bahnlinien- und Deformationsberechnung ist auf den dreidimensionalen Fall mit Erfolg erweitert worden.

In einer Finite-Elemente Approximation ist die Ansatzfunktion für die Geschwindigkeit innerhalb eines Elements in der Regel nicht exakt divergenzfrei. Dann verschwindet die Spur des Geschwindigkeitsgrad"ententensors $\mathrm{sp}\,\mathbf{L}$ entlang der Bahnlinien nicht. Für die dritte Invariante der Deformationsgradientensors $\det\mathbf{F}$, die sich für eine inkompressible Strömung entsprechend der Gl.(2.13) zu Eins ergeben muß, hat dies fatale Folgen. Da auch für die zeitliche Entwicklung der Determinante $\det\mathbf{F}$ längs einer Bahnlinie die Evolutionsgleichung

$$\frac{D}{Dt}\left[\det\mathbf{F}(\mathbf{r}_0,t)\right] = \left[\mathrm{sp}\,\mathbf{L}(\mathbf{r},t)\right]\left[\det\mathbf{F}(\mathbf{r}_0,t)\right]$$

mit $\det\mathbf{F}(\mathbf{r}_0,0) = 1$ gilt, wächst bei $\mathrm{sp}\,\mathbf{L} \neq 0$ die Invariante $\det\mathbf{F}$ exponentiell an. Eine Modifikation der Evolutionsgleichung (2.17) ist daher für die numerische Berechnung von $\mathbf{F}$ vorteilhaft. Man ersetzt den Gradienten $\mathbf{L}$ durch den Ausdruck

$$\mathbf{L} - (\mathrm{sp}\,\mathbf{L})\mathbf{A}$$

mit einem beliebigen Tensor $\mathbf{A}$, der die Eigenschaft besitzt: $\mathrm{sp}\,\mathbf{A} = 1$. Dadurch wird sichergestellt, daß $\det\mathbf{F} = 1$ stets erfüllt ist, da für den Ausdruck $\mathrm{sp}\,[\mathbf{L} - (\mathrm{sp}\,\mathbf{L})\mathbf{A}] = 0$ gilt. In [16] wird der Tensor $\mathbf{A}$ in Abhängigkeit der Kinematik gewählt, und zwar

$$\mathbf{A} = \begin{cases} \dfrac{1}{2} \begin{pmatrix} 1 & 0 \\ 0 & 1 \end{pmatrix} & \text{für 2D-Strömungen,} \\[2em] \dfrac{1}{3} \begin{pmatrix} 1 & 0 & 0 \\ 0 & 1 & 0 \\ 0 & 0 & 1 \end{pmatrix} & \text{für 3D-Strömungen.} \end{cases}$$

In das Deformationsmaß Λ gehen die Invarianten $\operatorname{sp}\mathbf{C}$ und $\operatorname{sp}\mathbf{C}^{-1}$ ein. Zweckmäßigerweise berechnet man insbesondere die zweite Größe nicht aus der Inversen des Rechts-Cauchy-Green-Tensor, sondern aus dem Deformationsgradiententensor $\mathbf{F}$ selbst. Bekanntlich gilt für dessen Inverse

$$\mathbf{F}^{-1} = \frac{1}{\det \mathbf{F}}\, \mathbf{f}^{T},$$

wobei $\mathbf{f}$ die Adjunkte zu $\mathbf{F}$ darstellt. Da die Determinante von $\mathbf{F}$ identisch 1 ist, läßt sich die Spur von $\mathbf{C}$ wie folgt berechnen,

$$\operatorname{sp}\mathbf{C}^{-1} = \operatorname{sp}\left(\mathbf{f}^{T}\mathbf{f}\right), \tag{5.32}$$

ganz analog zu der Bestimmung von

$$\operatorname{sp}\mathbf{C} = \operatorname{sp}\left(\mathbf{F}^{T}\mathbf{F}\right).$$

Numerisch ist diese Berechnungsweise günstiger, da bei realen Strömungen mit Dehnanteilen beim Deformationsgradienten durchaus Werte von 10^{5} bzw. 10^{-5} und damit für den Rechts-Cauchy-Green-Tensor schon Werte in der Größenordnung von 10^{10} bzw. 10^{-10} auftreten. Würde man statt Gl.(5.32) alternativ $\operatorname{sp}\mathbf{C}^{-1} = 1/2\left[(\operatorname{sp}\mathbf{C})^{2} - \operatorname{sp}(\mathbf{C})^{2}\right]$ berechnen, könnten bei der Differenzbildung durch Rundungsfehler bei der Gleitpunktarithmetik bis zu 10 Stellen verloren gehen.

6. Mischen in verfahrenstechnischen Apparaten

Nach den einfachen Beispielen des vorherigen Kapitels sollen nun Mischvorgänge in Apparaten simuliert werden, die in der industriellen Praxis gebräuchlich sind [102]. Die im folgenden behandelten Mischertypen zeichnen sich dadurch aus, daß ihre Geometrien gewisse Periodizitäten und Symmetrien aufweisen oder die Prozeßführung periodisch abläuft. Dies ist ein typisches Kennzeichen für eine Großzahl der eingesetzten Mischer. Im allgemeinen sind die Geometrien der realen Mischapparate trotzdem jedoch so komplex, daß die Strömungen darin nur durch numerische Methoden bestimmt werden können. Bei der nachfolgenden Auswahl aus der Vielzahl der Apparate wurde das Strömungsfeld meist numerisch auf der Basis von Finite-Elemente-Methoden berechnet.

Die weiteren Betrachtungen beziehen sich zwar stets auf laminare Strömungssituationen. Diese haben aber in der lebensmitteltechnischen und in der chemischen Industrie eine große Praxisrelevanz. Denn bei vielen in der Verfahrenstechnik verwendeten Flüssigkeiten liegen die Viskositäten sehr hoch (vergl. Tabelle 6.1). Vielfach spielen dann in den Strömungen durch die Apparate die Trägheitskräfte gegenüber den Reibungskräften gar keine Rolle. In diesen Fällen kann sogar schleichende Strömungssituationen vorausgesetzt werden, in denen $Re \to 0$ gilt.

Tabelle 6.1: Mechanische Materialeigenschaften ausgewählter Kunststoffe bei ca. $150°C$

Kunststoff (150°C)	Dichte ρ kg/m^3	Viskosität η_0 $Pa\,s$
Hochdruckpolyethylen (HDPE)	920	$3 \cdot 10^4$
Niederdruckpolyethylen (LDPE)	970	$5 \cdot 10^4$
Polystyrol	1003	$1 \cdot 10^5$

Die Vorgehensweise bei der Analyse der Mischvorgänge ist durch die hybride Methode festgelegt. Zunächst wird das Geschwindigkeitsfeld in der jeweiligen Geometrie ermittelt. Dann kann durch die Anwendung der Analysemethoden zur Partikeldynamik geprüft werden, ob sich stabile periodische oder quasiperiodische Gebiete ausbilden. Dadurch gewinnt man wesentliche Einblicke in das Mischverhalten. Durch anschließende systematische Untersuchungen der Deformation von Fluidelementen in dem Mischapparat kann auf die Güte des Mischvorgangs geschlossen werden.

6.1 Statische Mischer

Für das konvektive Mischen von zähen Flüssigkeiten werden seit längerem statische Mischer eingesetzt [18]. Sie bestehen im wesentlichen aus einem kreiszylindrischen Rohr, in das kurze gleichförmige Mischelemente hintereinander eingebaut sind. Die Form der Einbauten variieren je nach Mischertyp. Die Mischwirkung bei fast allen Typen beruht grundsätzlich darauf, daß die Elemente den Fluidstrom fortlaufend zerteilen, ihn umlenken und nach bestimmten Mustern wieder zusammenführen. Durch eine vorgeschaltete hydraulische Pumpe muß die zur Überwindung des Druckverlustes notwendige Energie eingebracht werden. Statische Mischer haben im kontinuierlichen Betrieb Vorteile gegenüber den dynamischen Mischern: Sie operieren ohne bewegliche Teile und sind dadurch sehr wartungsarm; die Investitions- und Betriebskosten sind geringer [83]; das Produkt wird weniger mechanisch beansprucht; es ist meist kein zusätzlicher Platzbedarf erforderlich, da sie in vorhandene Rohrsysteme eingebaut werden können; der Betrieb läuft weitgehend ohne Geräuschemissionen ab [65].

Der Einsatzbereich der statischen Mischer ist vielfältig. So werden sie u.a. zum kontinuierlichen Homogenisieren, zum Emulgieren, zum Begasen, zum Feststoffmischen, zum Extrahieren und in Rohrreaktoren verwendet. Für die unterschiedlichen Anwendungen sind auf dem Markt ganz unterschiedliche Bauformen der Mischelemente zu finden. Zur Charakterisierung insbesondere für das Mischen hochviskoser Flüssigkeiten können sie in zwei Gruppen eingeteilt werden [68], die sich durch den Druckverlust pro Längeneinheit bzw. durch den volumenspezifischen Energieverbrauch voneinander unterscheiden. So gehört der Sulzer SMV-Mischer aus aufeinandergeschichteten geriffelten Lamellen aus Blechen mit offenen sich kreuzenden Strömungskanälen zu der Gruppe mit hohem Energieverbrauch. Ein weiterer Vertreter dieser Gruppe ist der gebohrte Bayer-Kontinuierlich-Mischer (BKM-Mischer), bei dem ein zylindrischer Körper von mehreren parallelen Bohrungsebenen durchdrungen [19] wird, die um 45° gegenüber der Hauptströmungsrichtung geneigt sind. Bei annähernd gleichem Lückengrad weisen der BKM-Mischer gegenüber Konstruktionen aus Blech eine wesentlich höhere mechanische Festigkeit auf. Damit können sie insbesondere bei hohen Drücken eingesetzt werden. Im allgemeinen ist bei diesen Mischern zur Erreichung einer vorgegebenen Mischgüte die notwendige Baulänge gering. In die Gruppe mit niedrigem Energieverbrauch sind z.B. die Kenics-Mischer (wird im folgenden noch ausführlich behandelt) und die Erestat-Mischer [65] einzuordnen.

Zum Vermischen niedrigviskoser Flüssigkeiten werden auch andere Bauarten eingesetzt, die unter den Oberbegriff statische Mischer fallen, so z.B. Injektoren und Strahlmischer. Sie nutzen im wesentlichen die Turbulenz der Strömungen und die Wirbelablösungen hinter Einbauten zum Vermischen aus, dementsprechend liegen die dort typischen Reynoldszahlen im turbulenten Bereich. Solche Apparate sind für das hier behandelte laminare Mischen nicht geeignet.

6.1.1 Kenics-Mischer

Die Kenics-Mischer besitzen eine vergleichsweise einfache Geometrie. Daher sind in der neueren Literatur einige theoretische Untersuchungen zum Mischverhalten zu finden [62, 55, 56, 54, 14]. Diese unterscheiden sich durch die Modellbildung und den numerischen Aufwand bei der Simulation. So wurde beispielsweise in [21, 20] massiv parallele Rechentechnik eingesetzt. Wie sich später zeigen wird, kann man durch Ausnutzung gewisser Symmetrien und Periodizitäten den Aufwand jedoch beträchtlich reduzieren, ohne dabei die Übertragbarkeit des Modells auf reale Gegebenheiten allzusehr einzuschränken.

In einem Rohr mit dem Innendurchmesser d sind in Achsrichtung links- bzw. rechtsverschraubte, dünne Blechsegmente der Länge L eingebaut (Abb. 6.1). Sie teilen das Rohr in zwei getrennte Kanäle auf, die um den Verschraubungswinkel φ verdrillt sind. Dabei gibt die Gangsteigung h an, nach welcher Länge ein Segment um 360° verschraubt ist. Beim Übergang von einem Segment in das nächste wechselt die Verschraubungsrichtung. Üblicherweise werden die Segmente alternierend, jeweils um 90° versetzt hintereinander angeordnet. In Mischanlagen beträgt die Anzahl der Segmente in der Regel 10 – 20. Eine Pumpe drückt die zu mischenden Flüssigkeiten durch das gesamte Bauteil hindurch. Werden beispielsweise zwei Flüssigkeiten jeweils getrennt in den einen und in den anderen Kanal des ersten Segments eingebracht, so erfolgt beim Übergang in das nächste Segment eine Aufteilung der Teilströme. Im zweiten Segment kommt es durch die Verschraubung der Geometrie zu einem konvektiven Mischvorgang. Jedes weitere Segment teilt und vereinigt zugleich die Teilströme erneut.

Die Strömung durch einen solchen Mischapparat ist dreidimensional und im kontinuierlichen Betrieb stationär. In der Regel sind die Reynoldszahlen aufgrund der in der Praxis verwendeten hochviskosen Flüssigkeiten klein. Auf dieser Basis wird das Geschwindigkeitsfeld mit einem Finite-Elemente Verfahren auf der Basis der Bewegungsgleichungen (2.20) und der Kontinuitätsgleichung (2.19) unter den folgenden Voraussetzungen berechnet: schleichende, voll ausgebildete Strömung; newtonsche Flüssigkeit; Haftbedingung an festen Wänden. Durch die Verschraubung der Blechsegmente unterscheiden sich zwei beliebige Querschnitte (an den Stellen z und $z + \Delta z$ in Richtung der Rohrachse) innerhalb eines Segments lediglich in einer Drehung um den Winkel $2\pi \Delta z/h$. Bei Verwendung eines Zylinderkoordinatensystems r, φ, z

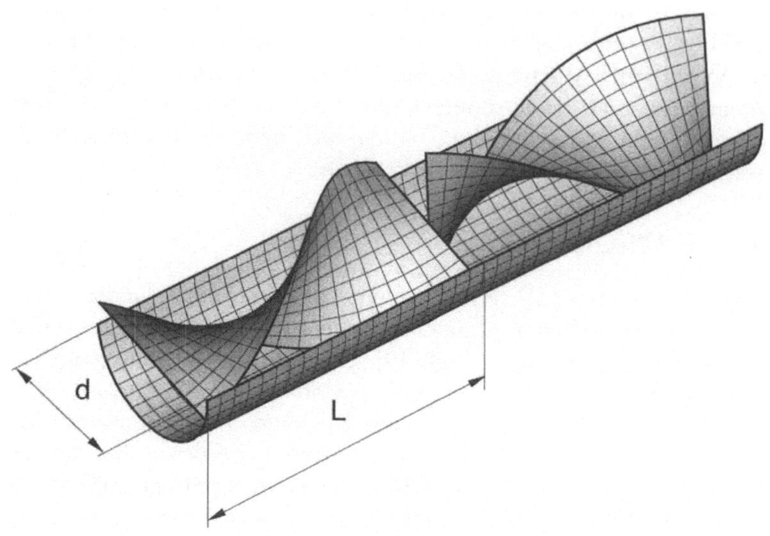

Abb. 6.1: Skizze zweier Segmente eines Kenics-Mischers

hängen die drei Geschwindigkeitskomponenten v_r, v_φ, v_z dann nur von r und einer aus den Koordinaten φ und z zusammengesetzten Koordinate

$$Z = z + \frac{h}{2\pi}\varphi \tag{6.1}$$

ab. Es genügt also, die Strömung in der von den Koordinaten Z und r aufgespannten Ebene zu betrachten. Als Bezugslänge für die geometrischen Größen dient der Rohrdurchmesser d.

Tabelle 6.2: Relativer axialer Volumenstrom $\dot{V}_{axial}/\dot{V}_{LR}$ und Intensität der Querströmung $\dot{V}_{axial}/\dot{V}_Z$ in einem Kenics-Mischer für zwei unterschiedliche relative Gangsteigungen im Grenzfall $Re \to 0$

h/d	$\dot{V}_{axial}/\dot{V}_{LR}$	$\dot{V}_{axial}/\dot{V}_Z$
3.0	0.1299	9.16
1.0	0.0279	12.65

Die Berechnungen wurden für zwei unterschiedliche relative Gangsteigungen h/d im Grenzfall $Re = 0$ durchgeführt (vergl. Tabelle 6.2). Der axialer Volumenstrom $\dot{V}_{axial}$ ist auf denjenigen eines Rohres ohne Einbauten $\dot{V}_{LR}$ bezogen. Das Verhältnis von axialem Volumenstrom zu dem in der Ebene $(r-Z)$ umgewälzten Volumenstrom $\dot{V}_{axial}/\dot{V}_Z$ beschreibt die Intensität der Querströmung. Je länger die relative Gangsteigung h/d ausfällt, desto geringer wird der Einfluß der verschraubten Einbauten. Die Abb. 6.2 veranschaulicht das axiale Geschwindigkeitsfeld und die Querströmung für den Fall $h/d = 1.0$ an der Stelle $z = L/2$ in einem linksverdrillten Segment. In dem hier nicht gezeigten Fall $h/d = 3.0$ ergibt sich ein ganz ähnliches Bild.

Einlauf- und Endeffekte bleiben bei dieser Modellbildung unberücksichtigt. Sie würden in dem hier betrachteten Grenzfall $Re = 0$ keine wesentlichen Änderungen im Geschwindigkeitsfeld erbringen, lediglich der Berechnungsaufwand stiege deutlich. Dies bestätigen auch die numerischen Ergebnisse in [20]. Im übrigen besteht bei periodischer Anordnung der Segmente nach alternierendem Muster auch ein periodisches Strömungsfeld mit der Wellenlänge $2L$: $\mathbf{v}(r, \varphi, z + 2L) = \mathbf{v}(r, \varphi, z)$.

Für die weiteren Betrachtungen wird die Gangsteigung auf den Wert $h/d = 1$ fixiert. Da das Geschwindigkeitsfeld eine recht einfache Gestalt hat, bietet sich für die nachfolgenden Untersuchungen eine Approximation des Geschwindigkeitsfeldes durch analytische Funktionen an, und zwar durch den Formelsatz

$$v_z\left(\frac{r}{d}, \frac{Z}{d}\right) = 10\pi\sqrt{2}\,\frac{r}{d}\left(1 - 2\frac{r}{d}\right)\exp\left(-3\frac{r}{d}\right)\left|\sin\left(2\pi\frac{Z}{d}\right)\right|$$

$$v_r\left(\frac{r}{d}, \frac{Z}{d}\right) = 8\pi\,\frac{r}{d}\left(1 - 2\frac{r}{d}\right)^2\sin\left(2\pi\frac{Z}{d}\right)\cos\left(2\pi\frac{Z}{d}\right) \tag{6.2}$$

$$v_\varphi\left(\frac{r}{d}, \frac{Z}{d}\right) = -2\pi\frac{r}{d}\left[4\left(1 - 2\frac{r}{d}\right)\left(1 - 4\frac{r}{d}\right)\sin^2\left(2\pi\frac{Z}{d}\right) + v_z\right]$$

mit

$$2\pi\frac{Z}{d} = 2\pi\frac{z}{d} + \varphi - 2\pi(i-1)\frac{L}{d} \tag{6.3}$$

in den linksverschraubten Segmenten und

$$2\pi\frac{Z}{d} = 2\pi\frac{z}{d} - \varphi - 2\pi i\frac{L}{d} + \frac{\pi}{2} \tag{6.4}$$

für die rechtsverschraubten Segmente. Der Index i zählt die hintereinander liegenden Segmente. Da hier die relative Gangsteigung fixiert ist, gehen als freie Parameter die relative Segmentlänge L/d und die relative Lauflänge z/d, also die Anzahl der Segmente ein. Ein Vergleich mit dem auf der Basis der FE-Methode berechneten Stromfeld zeigt, daß die analytischen Näherungen (6.2)-(6.4) die schleichende Strömung in einem solchen Kenics-Mischer recht gut beschreiben können. Durch die Verwendung der algebraischen Näherungen gelingt zudem die Berechnung von Bahnlinien in sehr einfacher Weise, z.B. mit dem schon erwähnten Runge-Kutta-Verfahren.

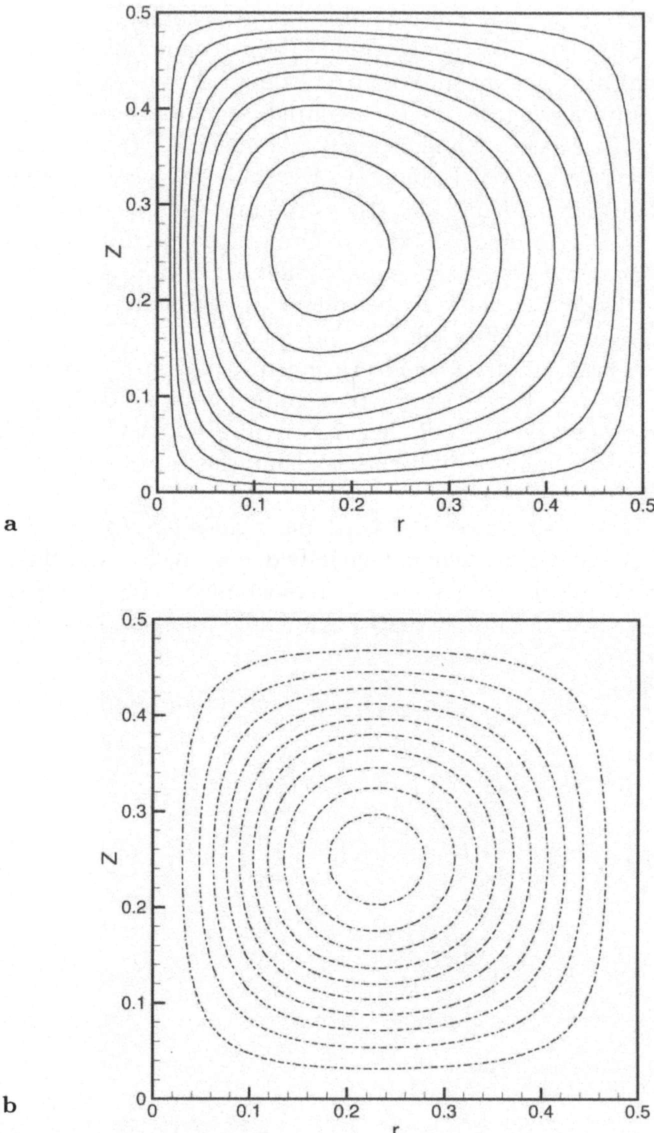

Abb. 6.2: Höhenlinien konstanter Axialgeschwindigkeit v_z (**a**) und Stromlinien der Querströmung (**b**) in einem Kenics-Mischer bei jeweils äquidistanter Teilung

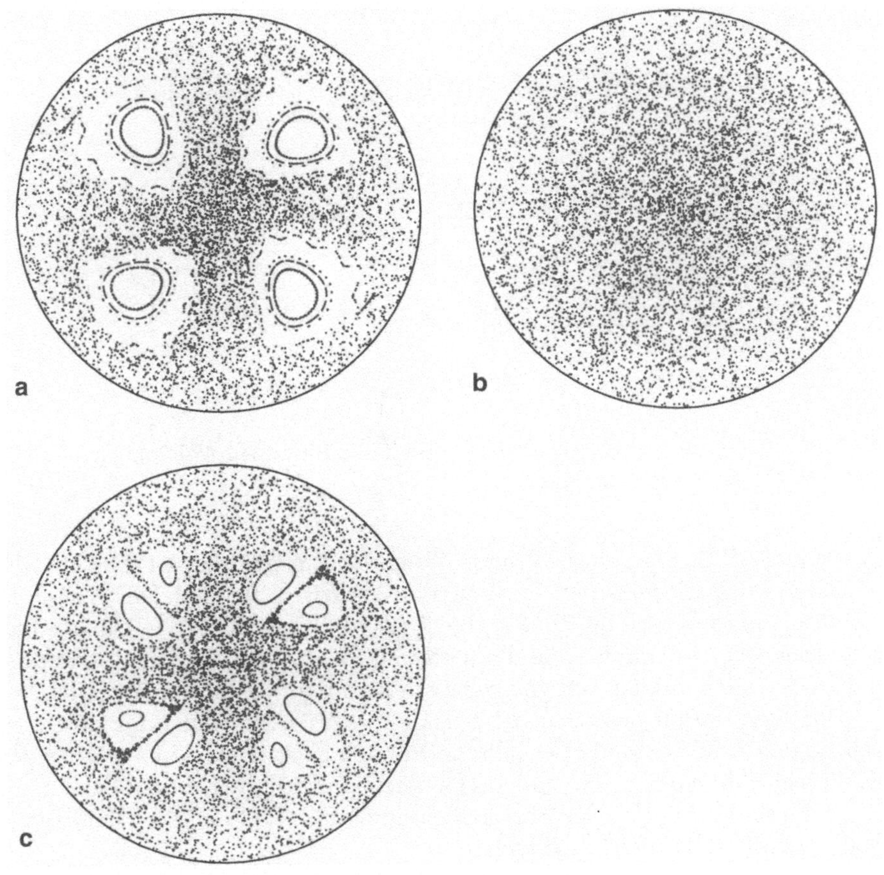

Abb. 6.3: Poincaré-Schnitte für verschiedene Werte des Systemparameters L/d:
(a) $L/d = 1.0$; (b) $L/d = 1.6$; (c) $L/d = 2.0$

Das Systemverhalten des Kenics-Mischers wird durch einen Poincaré-Schnitt deutlich. Die Ebenen sind hierbei in einem Abstand je einer Wellen-länge $z = 2iL$ (i ganzzahlig) gewählt und die Startpunkte der Trajektorien liegen auf einem regulären kartesischen Gitter. In Abb. 6.3 sind Poincaré-Schnitte für drei verschiedene Werte des Systemparameters L/d verzeichnet. Für die Segmentlänge $L/d = 1.0$ und $L/d = 2.0$ existieren offensichtlich Gebiete, die von stabilen periodischen und quasiperiodischen Trajektorien gebildet werden. Hierin bleiben anfangs benachbarte Partikel zu allen Zeiten benachbart und wirken an einer großräumigen Stoffverteilung gar nicht mit. Eine homogene Durchmischung ist bei diesen Parameterwerten nicht mög-lich. Die Berechnung der zeitlichen Verläufe des Deformationsgradienten-

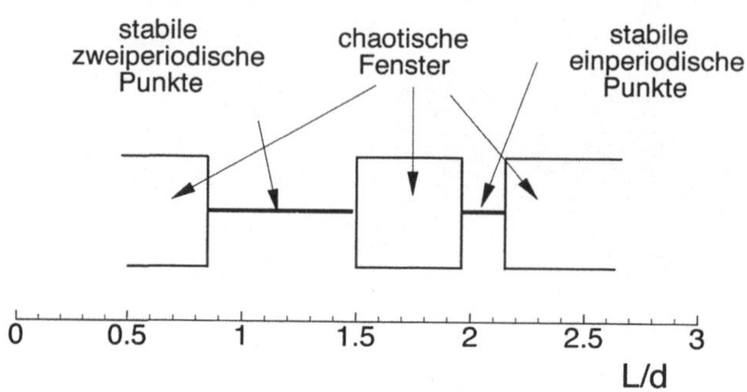

Abb. 6.4: Existenzbereiche für stabile periodische Punkte in Abhängigkeit von der relativen Segmentlänge

sors gemäß Gl.(2.17) und die Überprüfung der Eigenwerte (4.17) ergibt, daß es sich bei den Trajektorien im Zentrum der *Inseln* für den Fall $L/d = 1.0$ um sogenannte P_2 stabile Punkte, bei $L/d = 2.0$ um P_1 stabile Punkte handelt. Dagegen durchlaufen die Trajektorien für $L/d = 1.6$ den Phasenraum chaotisch und es bilden sich gar keine stabilen periodische Punkte aus.

Durch Variation der relativen Segmentlänge lassen sich Intervalle angeben, in denen lokal stabile periodische Bahnen existieren (Abb. 6.4). Dazwischen liegt ein Bereich mit global chaotischem Verhalten. Somit lassen sich allein durch die Analyse der Partikelbewegung mittels Poincaré-Schnitten jeweils günstige Mischfenster finden.

Die örtlichen Positionen der periodischen Punkte und deren Grenzflächen mit quasiperiodischen Punkten verändern sich offensichtlich mit dem Systemparameter L/d. Dies wird auch durch die Abb. 6.5 deutlich. Dort sind aus dem Bereich $0.84 \leq L/d \leq 1.26$ weitere Poincaré-Schnitte zu sehen. In unmittelbarer Nähe des global chaotischen Bereichs bei $L/d = 0.84$ bilden sich zunächst vier sehr kleine Gebiete aus, in deren Zentren zweiperiodische Punkte liegen. Mit steigendem Systemparameter breiten sich die Bereiche weiter aus und die stabilen Punkte wandern im Uhrzeigersinn. Bei $L/d = 0.98$ sind die größten Ausdehnungen der Grenzflächen überschritten und am Rand dieser Bereiche entwickeln sich stabile periodische Punkte auch mit höheren Perioden. Ähnlich wie bei der *Kelvin-Cat-Eye*-Strömung, vergl. Abschn. 4.4, spalten sich diese Punkte von dem ursprünglichen Gebiet ab (s. $L/d = 1.06$) und verschwinden dann offensichtlich. Bei weiterer Vergrößerung des Systemparameters $L/d \geq 1.26$ entstehen auch aus den ursprünglich zweiperiodischen Punkten höherperiodische, die schließlich ganz verschwinden. In Abb. 6.5 sind nur ausgewählte Schnitte zu sehen, insbesondere der Übergang in das chaotische Systemverhalten ab $L/d \geq 1.1$ verläuft komplex.

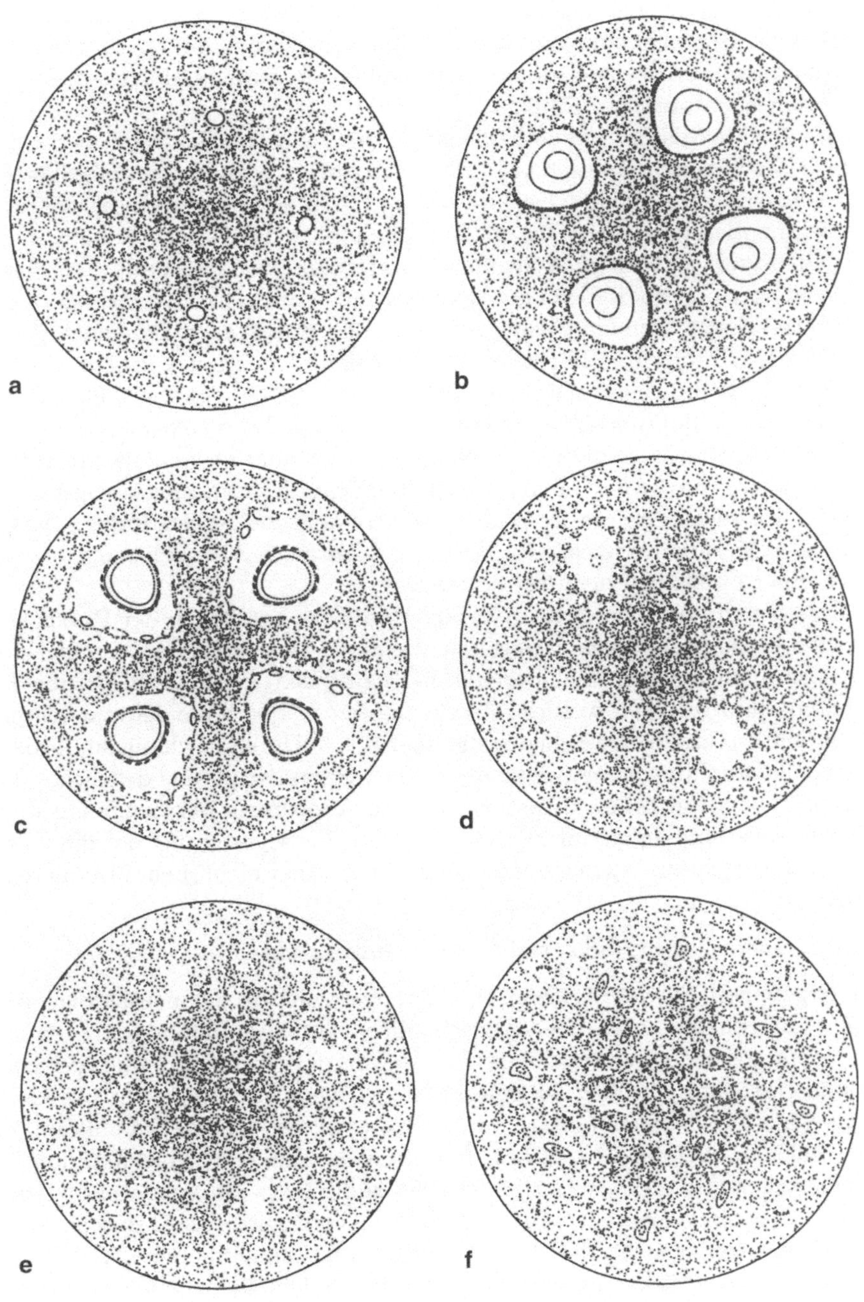

Abb. 6.5: Poincaré-Schnitte: (**a**) $L/d = 0.84$, (**b**) $L/d = 0.90$, (**c**) $L/d = 0.98$, (**d**) $L/d = 1.06$, (**e**) $L/d = 1.20$, (**f**) $L/d = 1.26$

Die örtlichen Positionen der periodischen Punkte wandern nicht mehr kontinuierlich im Uhrzeigersinn, sondern ihre Lage erscheint zufällig. Anscheinend geht auch hier der Weg ins globale Chaos über die Verdoppelung der Anzahl der stabilen periodischen Punkte.

Das skalare Mischgütemaß verdeutlicht die schlechte Mischwirkung in der Nähe der stabilen periodischen Punkte. In Abb. 6.6 ist die örtliche Verteilung von Λ für die gleiche Gesamtlänge $z/d = 8$, aber unterschiedliche relative Segmentlänge dargestellt. Im Fall (a) sind in dem Mischer dann 8, im Fall (b) 5 und im Fall (c) 4 Segmente hintereinander eingebaut. Innerhalb der Inseln quasiperiodischer Partikelbewegungen entstehen deutlich geringere Deformationen (dunkle Grautöne) als in den chaotischen Bereichen (helle Grautöne). Obwohl im Fall (a) doppelt soviele Segmente wie im Fall (c) beteiligt sind, ist die Durchmischung im letzteren Fall besser. Dies läßt sich an der Verteilungsfunktion $H(\Lambda)$ ablesen (Abb. 6.7). Bei gleichem Energieeintrag ist erwartungsgemäß die Verteilung der Deformation bei einer relativen Segmentlänge von $L/d = 1.6$ im chaotischen Mischfenster am günstigsten. In Abb 6.7 ist zusätzlich die Deformationsverteilung des leeren Rohres dargestellt. Der Meridianwert $\Lambda_{0.5}$ für $L/d = 1.6$ unterscheidet sich um mehr als eine Zehnerpotenz von dem des Leerrohres.

Lassen sich durch bauliche oder andere äußere Zwänge in der Praxis keine relativen Segmentlängen realisieren, die in einem chaotischen Mischfenster liegen, kann auch durch eine aperiodische Segmentfolge eine Verbesserung der Durchmischung erreicht werden. Da die Gebiete in der Nähe der stabilen periodischen Punkte die Ursache für die uneffektive Durchmischung sind, sollte allein eine Durchbrechung der geometrischen Periodizität eine deutliche Verbesserung bringen. Eine solche aperiodische Anordnung der Segmente wäre beispielsweise eine Folge mit rekursiv-inverser Fortsetzung, bei der die links- und rechtsverschraubten Segmente gleich häufig, aber nicht mehr alternierend auftreten:

- links, rechts, rechts, links, rechts, links, links, rechts, ...

Die Ergebnisse für die Deformationen einer solchen Segmentabfolge mit $L/d = 1.0$ sind in Abb. 6.8 veranschaulicht (al: alternierende Anordnung der Segmente; ri: rekursiv-inverse Anordnung der Segmente). Bei gleichem Massenstrom und gleichem Energieeintrag ist schon bei einer relativen Lauflänge von $z/d = 8$ eine spürbare Verbesserung in der Verteilungsfunktion für das lokale Mischgütemaß sichtbar. Insgesamt ist die Verteilungsfunktion im aperiodischen Fall schmaler ausbildet. Für ca. 80% des Massenstroms werden größere Deformationen wirksam, d.h. dieser Anteil wird besser durchmischt. Hier verwundert es nicht, daß die Verteilungsfunktionen im oberen Teil für die Abfolge ri und al übereinander verlaufen. Die hohen Deformationen werden in den Bereichen erzeugt, in denen auch in der periodischen Abfolge Chaos herrscht. Längs einer Trajektorie in der Nähe eines periodischen Punktes wächst Λ nur linear mit der Lauflänge z/d, in den chaotischen Gebieten aber exponentiell. Dies macht eine Verdoppelung der Gesamtlänge auf $z/d = 16$

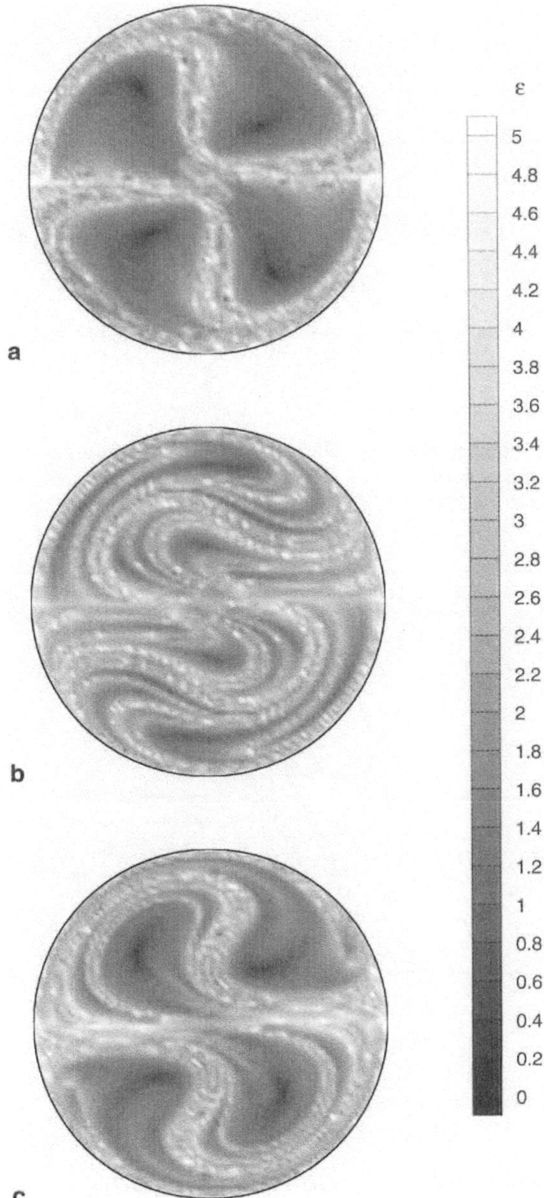

Abb. 6.6: Örtliche Verteilung des Deformationsmaßes $\varepsilon = \log \Lambda$ nach Durchlaufen der Länge $z/d = 8$: (a) $L/d = 1.0$; (b) $L/d = 1.6$; (c) $L/d = 2.0$

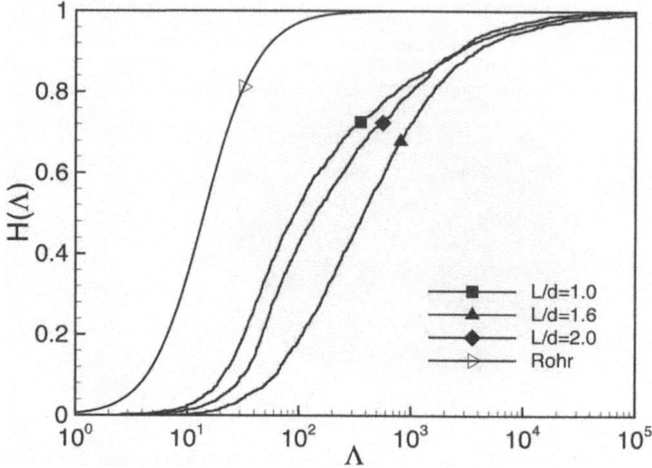

Abb. 6.7: Verteilungsfunktion der Deformation in Abhängigkeit von der relativen Segmentlänge nach $z/d = 8$

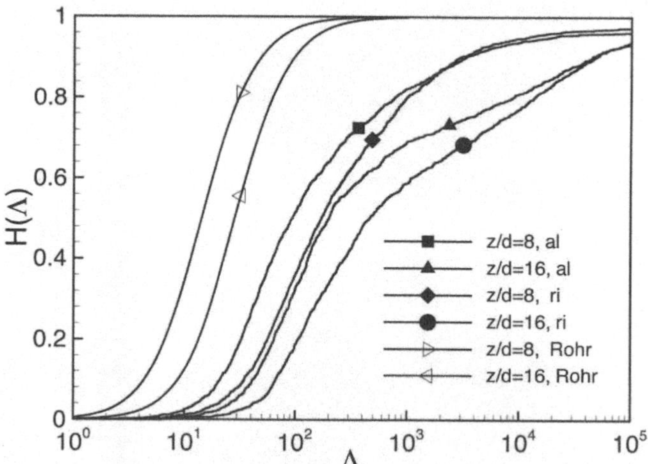

Abb. 6.8: Verteilungsfunktion der Deformation in Abhängigkeit von der Gesamtlänge und von der Anordnung der Segmente

für die beiden Segmentabfolgen deutlich (Abb. 6.8). Bei der periodischen Anordnung kommt es im unteren Bereich zu einer geringen Parallelverschiebung der Verteilungsfunktion gegenüber $z/d = 8$, das gleiche Verhalten beobachtet man in einem leeren Rohr. Im oberen Bereich wird die Verteilungsfunktion zu deutlich höheren Λ-Werten verschoben. Jedoch nimmt nur etwas mehr als 40% des Massenstroms an einer effektiven Durchmischung teil. Dies bleibt auch so bei einer weiteren Verlängerung der Lauflänge in alternierender Segmentabfolge, wie man an dem Abknicken der Kurve $z/d = 16, al$ (gefülltes Dreieckssymbol) bei $H(\Lambda) \approx 0.6$ erkennen kann. Eine deutliche Verbesserung der Durchmischung erreicht man hier durch die aperiodische Anordnung, die Auswirkungen treten mit zunehmender Lauflänge noch sehr viel stärker hervor.

Die Untersuchungen des Kenics-Mischers zeigen, daß für eine effiziente Durchmischung die Geometrieparameter eine ganz entscheidende Rolle spielen. Hierbei behindert eine geometrische Periodizität ein gutes Mischverhalten für gewisse Konfigurationen, da sich dort stabile periodische Trajektorien ausbilden. Beste Ergebnisse wurden jedoch bei der hier exemplarisch betrachteten relativen Gangsteigung $h/d = 1.0$ für diejenigen relativen Segmentlängen erzielt, die in den o.g. Mischfenstern lagen. Bei diesen Parameterkonfigurationen erbringt dann übrigens eine aperiodische Segmentfolge keine nachweisbaren Verbesserungen mehr.

Die Mischfenster verschieben und verändern sich natürlich mit Variation der relativen Gangsteigung. Angaben in der Literatur geben Hinweise, daß es Werte für die Gangsteigung h/d gibt, bei denen unabhängig von der Segmentlänge L/d gar keine stabilen periodischen Trajektorien auftreten. Durch eine Parameterstudie auf der Basis der hier erläuterten Methoden wäre je nach Anforderungsprofil die optimale Konfiguration zu ermitteln.

6.1.2 SMX-Mischer

Während der Kenics-Mischer zu den statischen Mischern mit geringem Energieeintrag gehört, ist der SMX-Mischer ein Vertreter aus der Gruppe mit hohem Druckverlust. Die Geometrie ist ungleich komplexer. Ein Segment des Mischer besteht aus einem Gerüst von Leitflächen, die unter einem Winkel von 45° gegenüber der Horizontalen geneigt sind, vergl. Abb. 6.9. Durch die spezielle Konstruktion des Steggerüsts werden in dem Segment Kanäle gebildet, die die Flüssigkeit führen. Diese Segmente sind hintereinander, jeweils um 90° verdreht, in einem kreisförmigen Rohr mit gleichbleibendem Querschnitt eingebaut. Die Stege teilen also wiederholt den Gesamtstrom, führen die Teilströme in verschiedene Richtungen und vereinigen schließlich Teilströme aus unterschiedlichen Richtungen. Auch hier wird, wie beim Kenics-Mischer, eine Vermischung durch fortgesetztes Teilen und Rekombinieren erreicht. Aufgrund dieser Mechanismen ist der SMX-Mischer anscheinend für das Mischen sehr gut geeignet, aber intensivere theoretische und experimentelle Untersuchungen zu diesem Themenkreis sind in der Literatur erst seit wenigen Jahren zu finden [51, 32, 105].

An dieser Stelle soll die numerische Analyse der Mischvorgänge in einem SMX-Mischer mit einem quadratischen Querschnitt (Kantenlänge d, Segmentlänge l) erfolgen. Diese Vereinfachung in der Geometrie gestattet einen einfacheren Zugang zum dreidimensionalen Stromfeld in dem Mischer, zeigt aber trotzdem die grundsätzlichen Prozesse beim Mischen. Abbildung 6.10

Abb. 6.9: Foto eines Segments eines SMX-Mischers

zeigt vier solcher Segmente hintereinander, jeweils um 90° verdreht, in der Seitenansicht. Im wesentlichen wird die abgebildete Geometrie durch drei Kennzahlen beschrieben:

$$\frac{l}{d} = 1, \qquad \frac{\varepsilon}{d} = 0.05, \qquad \frac{b}{d} = 0.125. \tag{6.5}$$

Die Voraussetzungen bei der Modellbildung entsprechen denen bei dem Kenics-Mischer. Insbesondere haftet die newtonsche Flüssigkeit sowohl an den Stegen als auch an dem umschließenden Gehäuse. Aufgrund der schleichenden Strömungsbedingungen sind auch hier die hydraulischen Einlauflängen sehr kurz, deshalb wird von einer ausgebildeten, räumlich periodischen Strömung ausgegangen.

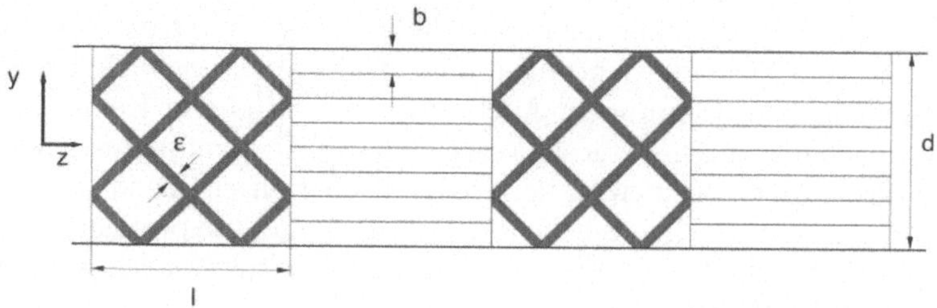

Abb. 6.10: Seitenansicht eines Modells eines quadratischen SMX-Mischers, bestehend aus 4 jeweils um 90° verdrehten Einzelsegmenten

Die spezielle Geometrie dieses SMX-Mischer besitzt verschiedene Symmetrien und Periodizitäten, deren Eigenschaften bei der Berechnung des Stromfelds ausgenutzt werden können [105]. Bei Vernachlässigung der Einlaufeffekte im ersten Segment erkennt man zunächst die Periodizität des Geschwindigkeitsfeldes nach 2 Segmenten,

$$\mathbf{v}(x, y, z + 2l) = \mathbf{v}(x, y, z). \tag{6.6}$$

Das zweite Segment schließt an das erste an, ist dabei lediglich um die z-Achse verdreht. Ein Versatz um eine Segmentlänge l mit gleichzeitiger Drehung um 90° reproduziert also den Mischer und damit auch die Strömung. So können Periodizitätsbedingungen angegeben werden, die das Berechnungsgebiet auf ein Segment reduzieren:

$$u(-y, x, z + l) = -v(x, y, z),$$
$$v(-y, x, z + l) = u(x, y, z), \tag{6.7}$$
$$w(-y, x, z + l) = w(x, y, z).$$

Zudem reproduziert sich die Geometrie bei einer 180°-Drehung um die z-Achse vollständig, so daß folgende Symmetriebedingungen gelten:

$$u(-x, -y, z) = -u(x, y, z),$$
$$v(-x, -y, z) = -v(x, y, z), \tag{6.8}$$
$$w(-x, -y, z) = w(x, y, z).$$

Schließlich haben schleichende Strömungen viskoser Flüssigkeiten die Eigenschaft, daß sie kinematisch reversibel ablaufen. Dadurch ergeben sich weitere Symmetrieeigenschaften des Stromfeldes in der Form

$$u(-x, y, -z) = u(x, y, z),$$
$$v(-x, y, -z) = -v(x, y, z), \tag{6.9}$$
$$w(-x, y, -z) = w(x, y, z).$$

Das Ausnutzen der Symmetrien ermöglicht es, das Stromfeld nur noch in einem Viertel eines einzigen Segments zu betrachten. Bei Festlegung des Koordinatenursprung in der Mitte eines Segments wird das quaderförmige Gebiet $-d/2 \leq x \leq 0$, $-d/2 \leq y \leq 0$ und $-l/2 \leq z \leq l/2$ gewählt. An den Randflächen, die nicht mit der Rohrwand in Kontakt stehen, muß durch die Randbedingungen die Koppelung an die angrenzenden Fluidbereiche gewährleistet sein:

innerhalb der Eintrittsebene $z = -l/2$:

$$u(y, x, -l/2) = -v(x, y, -l/2),$$
$$v(y, x, -l/2) = -u(x, y, -l/2), \tag{6.10}$$
$$w(y, x, -l/2) = w(x, y, -l/2),$$

innerhalb der Austrittsebene $z = l/2$:

$$u(y, x, l/2) = -v(x, y, l/2),$$
$$v(y, x, l/2) = -u(x, y, l/2), \tag{6.11}$$
$$w(y, x, l/2) = w(x, y, l/2),$$

innerhalb der Ebene $x = 0$:

$$u(0, y, -z) = u(0, y, z),$$
$$v(0, y, -z) = -v(0, y, z), \tag{6.12}$$
$$w(0, y, -z) = w(0, y, z),$$

und innerhalb der Ebene $y = 0$:

$$u(x, 0, -z) = -u(x, 0, z),$$
$$v(x, 0, -z) = v(x, 0, z), \tag{6.13}$$
$$w(x, 0, -z) = w(x, 0, z).$$

Diese Randbedingungen verlangen eine nichtlokale Koppelung der Geschwindigkeitskomponenten in korrespondierenden Punkten innerhalb der jeweiligen Randfläche. Hinzu kommen die üblichen Haftbedingungen für alle drei Komponenten des Geschwindigkeitsvektors $\mathbf{v}$ sowohl am Gehäuse, d.h. innerhalb der Ebenen $x = -d/2$ und $y = -d/2$, sowie an den Stegen, die die Flüssigkeit im Inneren des Rechengebietes beranden:

$$\mathbf{v}(-d/2, y, z) = \mathbf{0}, \tag{6.14}$$
$$\mathbf{v}(x, -d/2, z) = \mathbf{0}, \tag{6.15}$$
$$\mathbf{v}(x, y, z) = \mathbf{0} \text{ an allen Stegen.} \tag{6.16}$$

Durch die komplexe Geometrie des SMX-Mischers ist die Strömung dreidimensional. Zudem sind die Gebiete, in denen sich die Flüssigkeit aufhält, mehrfach zusammenhängend. Daher gelingt eine analytische Approximation des Stromfelds wie beim Kenics-Mischer hier nicht. Zur numerischen Berechnung des Geschwindigkeitsfelds in einem Viertel eines Segments wird das in Abschn. 2.3 erwähnte Finite-Elemente Verfahren auf der Basis der Erhaltungsgleichungen in Verbindung mit einem newtonschen Stoffgesetz verwendet. Zum Einsatz kommen die dort beschriebenen dreidimensionalen isoparametrischen Elemente mit 27 Knoten für die Geschwindigkeit und 4 Knoten für den Druck.

Das zugehörige FE-Netz ist konturangepaßt aufgebaut und orientiert sich grundsätzlich am Verlauf der Stege. In Abb. 6.11 wird die Netzstruktur deutlich. Die dort grau unterlegten Flächen in der Vorderansicht ($z = -l/2$) und in der Ansicht von oben ($y = 0$) kennzeichnen Schnittflächen der Stege, in der Seitenansicht ($x = -d/2$) den Verlauf der Stege selbst, vergl. auch Abb. 6.10.

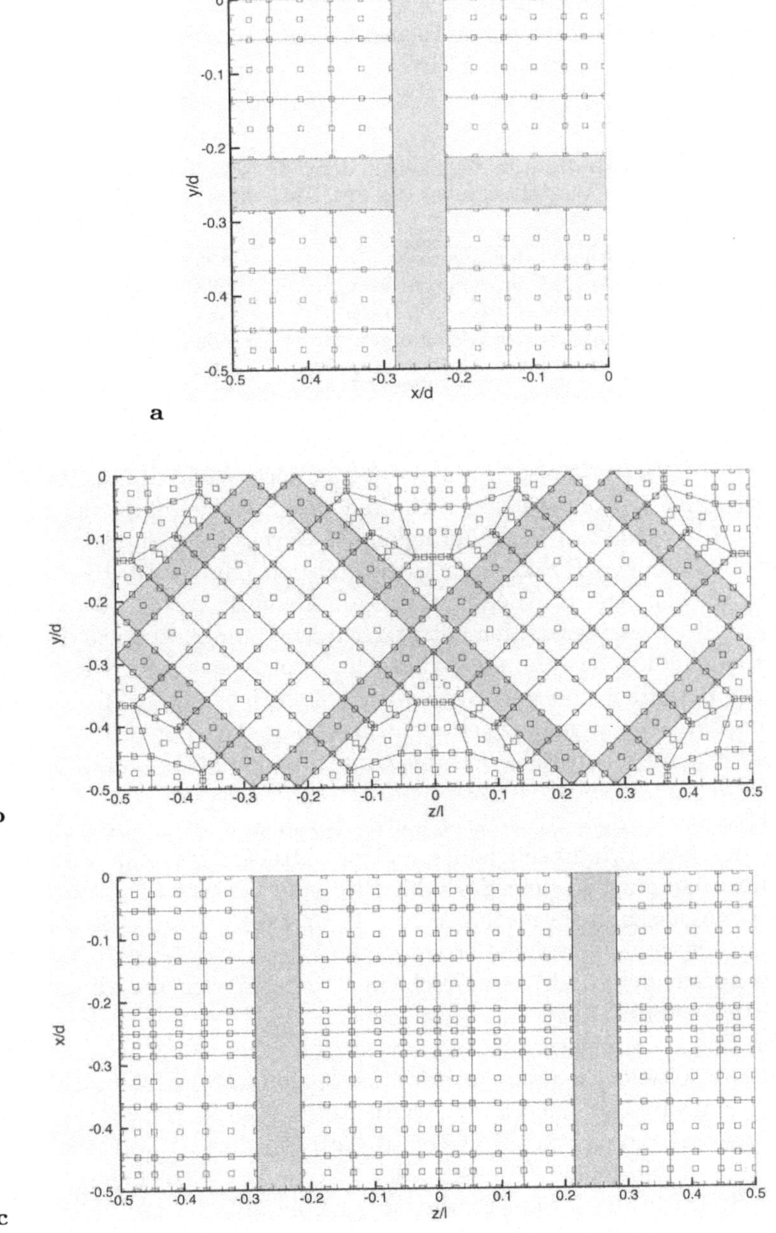

Abb. 6.11: Netz des SMX-Mischers: Ansicht von vorne (**a**), von der Seite (**b**) und von oben (**c**)

Bei dieser Art der Netzgenerierung werden alle Stegflächen, das umschließende Gehäuse und die inneren Ränder des Rechengebiets, auf denen Symmetrien zu erfüllen sind, durch ebene Elementflächen dargestellt. In Tabelle 6.3 stehen nähere Angaben zu dem FE-Netz.

Tabelle 6.3: Angaben zu dem FE-Netz für
ein Viertel-Segment des SMX-Mischers

Anzahl der Elemente	896
Anzahl der Knoten für v	9588
Anzahl der Knoten für p	3584
Anzahl der Gleichungen für v	17432
Anzahl der Gleichungen für p	3583

Da nur ein Viertel eines Segments elementiert werden muß, führen die Symmetrie- und Periodizitätseigenschaften des Stromfelds an den Ebenen $x = 0$, $y = 0$, $z = \pm l/2$ zu Verknüpfungen der Geschwindigkeitskomponenten in korrespondierenden Punkten entsprechend den Gln. (6.10)-(6.13) in den jeweiligen Ebenen. Die Haftbedingungen am Gehäuse (6.14), (6.15) und an den Stegen (6.16) werden in den entsprechenden Randknoten exakt erfüllt.

Der Berechnungsaufwand steigt natürlich immens, wenn man die angesprochenen Periodizitäten und Symmetrien nicht ausnutzt. Würde man lediglich die Periodizität nach zwei Segmenten berücksichtigen, müßten statt 21000 Unbekannte über 160000 Unbekannte für das Strom- und Druckfeld berechnet werden.

Die Lösung des diskretisierten Randwertproblems liefert die freien Knotenwerte des Geschwindigkeitsfeldes und des Druckfeldes. Zur Veranschaulichung der Strömung in dem SMX-Mischer sind Geschwindigkeitsvektoren in ausgewählten Schnitten in den Abb. 6.12 und 6.13 dargestellt. Die Pfeile münden aus den FE-Knoten in der jeweiligen Ebene und der unterlegte Konturplot kennzeichnet die dritten Geschwindigkeitskomponente, die senkrecht auf der Ebene steht.

In den Ebenen, in denen auf- oder abwärtsgerichtete Stege liegen, folgt die Strömung im wesentlichen dem Verlauf der Stege (Abb. 6.12a und b). Dort, wo sowohl aufwärts als auch abwärtsgerichtete Stege liegen, muß das Fluid in die dritte Richtung ausweichen(Abb. 6.12c). Deutlich ist in diesen Ebenen auch der dreidimensionale Charakter der Strömung zu erkennen. Es treten längs der Stegrichtung sowohl Geschwindigkeiten auf, die in die Ebene eintreten (helle Graustufung) als auch welche, die aus der Ebene herauskommen (dunkle Graustufung).

In der Querschnittsebene (Abb. 6.13a), in der zwei Segmente aneinander grenzen, kann man die paarweise Symmetrien der Geschwindigkeitsvektoren gemäß der Gl.(6.10) erkennen. Hier ist zu beachten, daß die Skala der Grau-

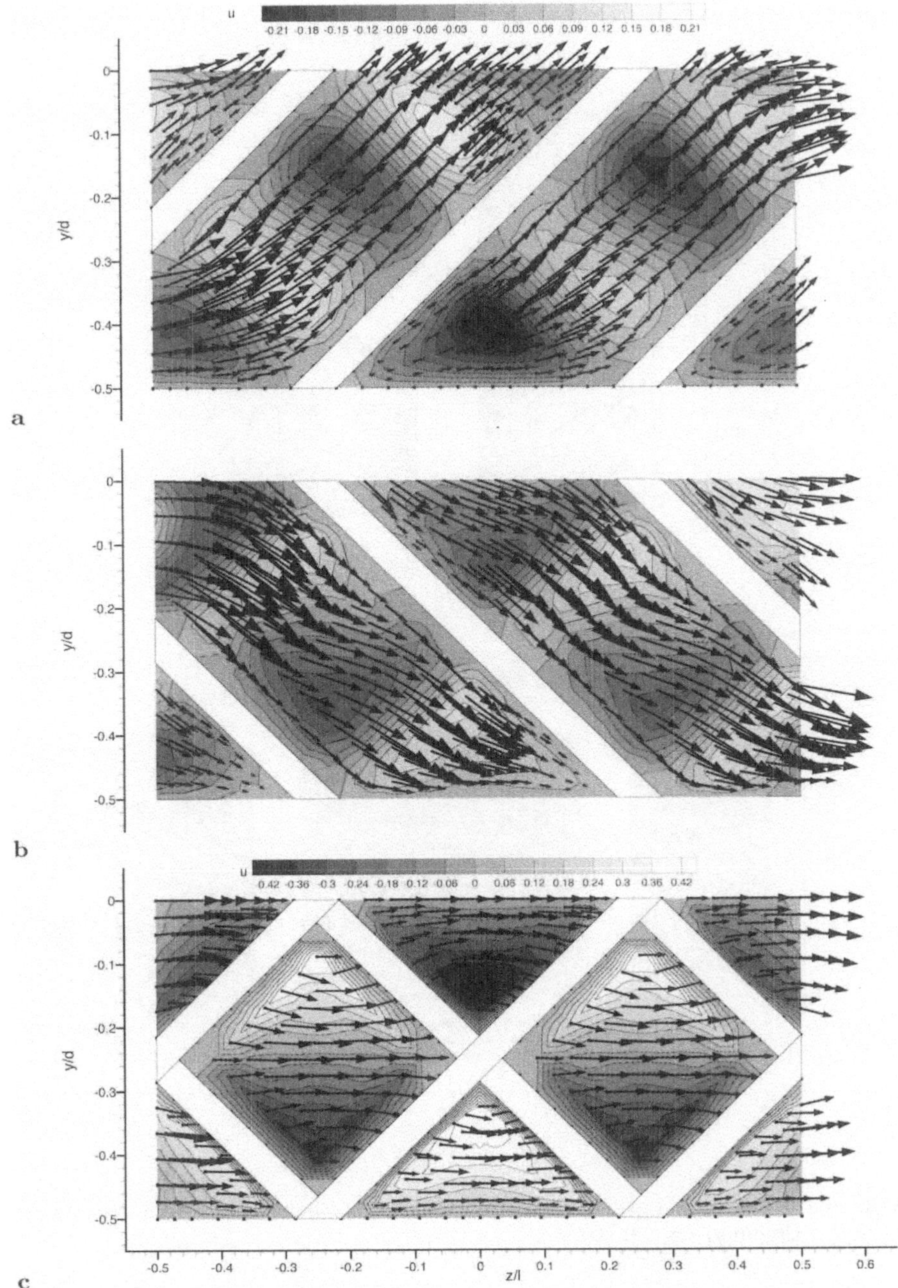

Abb. 6.12: Geschwindigkeitsvektoren (v, w) in den Ebenen $x/d = -0.44625$ (**a**), $x/d = -0.05375$ (**b**) und $x/d = 0.0$ (**c**)

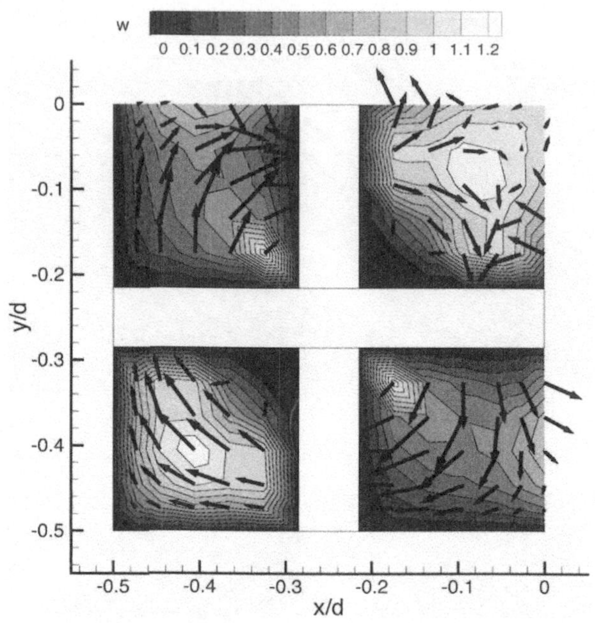

a

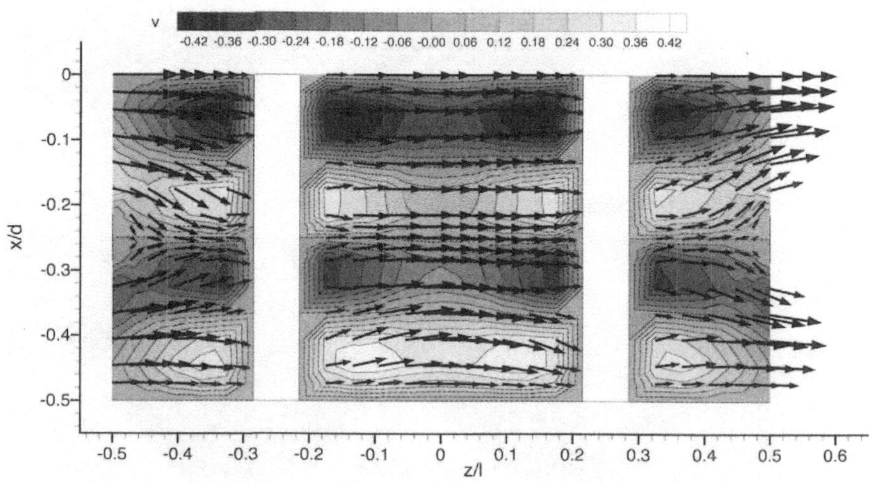

b

Abb. 6.13: Geschwindigkeitsvektoren (u, v) in der Ebene $z/l = -0.5$ (**a**) und (u, w) in der Ebene $y/d = 0.0$ (**b**)

stufung für die dritte Komponente w gegenüber der vorherigen Abbildung geändert wurde, da in dieser Ebene nur positive Geschwindigkeiten auftreten. In der Ebene $y/d = 0.0$ (Abb. 6.13c) befinden sich zwei durchgehende Stegbrücken, an denen die Flüssigkeit alternierend nach unten und oben in die dritte Richtung ausweichen muß. Ganz links und ganz rechts erkennt man die Umströmung der (senkrecht zur Zeichenebene orientierten) Stegbrücken des vorherigen bzw. des nachfolgenden Segments.

In einem solchen SMX-Mischers wird der Fluidstrom also durch die schräg gegenüber der Hauptströmungsrichtung gestellten Stegflächen geführt und an den Stegkanten geteilt. Dies wird deutlich, wenn man die Ausbreitung eines passiven Zusatzstoffes simuliert, der vor den Mischsegmenten kontinuierlich zugegeben wird. Dazu werden in der Mitte des Querschnitts bei $z/l \doteq -0.5$ innerhalb einer Fläche A_0 insgesamt 25600 Partikel gleichmäßig positioniert und deren Bahnen durch den Mischer numerisch berechnet. Eine Veranschaulichung der Bahnlinien ist zu unübersichtlich, so daß hier die Bahnlinien gemäß der Gl.(4.9) diskretisiert werden, u.z. nicht zeitlich, sondern örtlich nach jedem Segment des Mischers. Die Positionen der Bahnen innerhalb dieser Querschnittsebenen zeigt die Abb. 6.14. Im ersten Segment verlaufen die Stege aufwärts bzw. abwärts, so daß die Partikel in vertikaler Richtung geführt werden. Einige Partikel werden durch den Einfluß des umschließenden Rohres sogar nicht nur nach außen, sondern wieder zur Mitte gelenkt (Abb. 6.14a). Das nächste, um 90° gedrehte Segment führt die Partikel im wesentlichen in horizontaler Richtung. Deutlich erkennt man bei beiden Abbildungen noch materielle Partikellinien. Nach dem fünften Segment sind die Linien weitgehend aufgelöst und die Partikelpositionen unregelmäßig über den gesamten Querschnitt verteilt (Abb. 6.14d).

Angesichts dieser Entwicklung eines kompakt in der Mitte eingebrachten Markierungsstoffs ist es unwahrscheinlich, daß sich in dieser Konfiguration des Mischers stabile periodische Punkte ausbilden, obwohl die Abfolge nach jeweils zwei Segmenten periodisch ist. Dies kann durch einen Poincaré-Schnitt bestätigt werden. Die Bahnen von gut 500 Partikel, die am Anfang regelmäßig über den Querschnitt verteilt waren, wurden über 15 Perioden (d.h. 30 Segmente) berechnet und deren Positionen nach jeder Periode in der Schnittebene markiert, vergl. Abb. 6.15. Weder einperiodische noch höherperiodische stabile Punkte sind zu erkennen.

Die kumulierte Verweilzeitverteilung nach einem Segment der anfangs regelmäßig über den Querschnitt verteilten Fluidpartikel ist in Abb. 6.16 zu sehen. Die Totzeit, nach der erstmals Partikel das Segment verlassen, liegt etwas oberhalb des Wertes eines laminar durchströmten Rohres, vergl. Abb. 3.6. Der weitere Verlauf der Funktion liegt dann etwas unterhalb derjenigen eines Rohres. Dieses Verhalten wird verständlich, wenn man bedenkt, daß die Maximalgeschwindigkeit in einem kreisförmigen Leerrohr doppelt so groß ist wie die mittlere Geschwindigkeit. In einem ebenen Kanal beträgt sie aber lediglich das 1.5-fache. Die Strömung in einem SMX-Mischer wird wesentlich

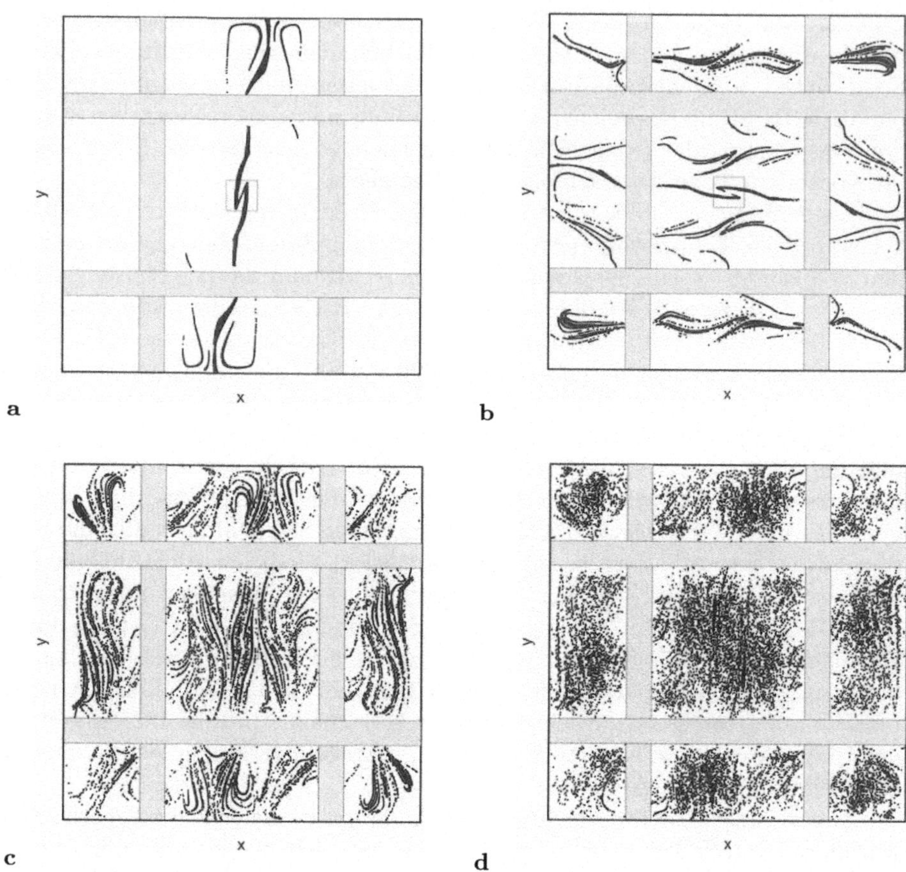

Abb. 6.14: Diskretisierung der Bahnlinien: Querschnitt nach 1 Segment (**a**), nach 2 Segmenten (**b**), nach 3 Segmenten (**c**), nach 5 Segmenten (**d**). Das Quadrat in der Mitte der Querschnitte markiert die Zugabefläche.

durch die Stege geführt und umgelenkt, verläuft also nicht wie bei einem Leerrohr auf geradlinigen Bahnen, so daß insgesamt die Partikel längere Zeit für die Durchströmung des Segments brauchen. Durch den höheren Flächenanteil bedingt durch die Stege, an denen das Fluid haftet, kommen für einen Teil der Fluidpartikel sehr große Verweilzeiten zustande.

Die nach dem ersten Segment kumulierte Deformationsverteilung zeigt die Abb. 6.17. Über 50% der Fluidpartikel erfahren höhere Deformationen als $\Lambda \approx 40$. Bei denjenigen Fluidpartikeln, die lange in dem Segment verbleiben, liegen die Deformationen entsprechend hoch. Aufschlußreich ist der Vergleich mit einem Kenics-Mischer. Dazu ist in Abb. 6.17 zusätzlich die kumulierte Deformationsverteilung $G(\Lambda)$ für $L/d = 1.6$ (bei dieser relativen

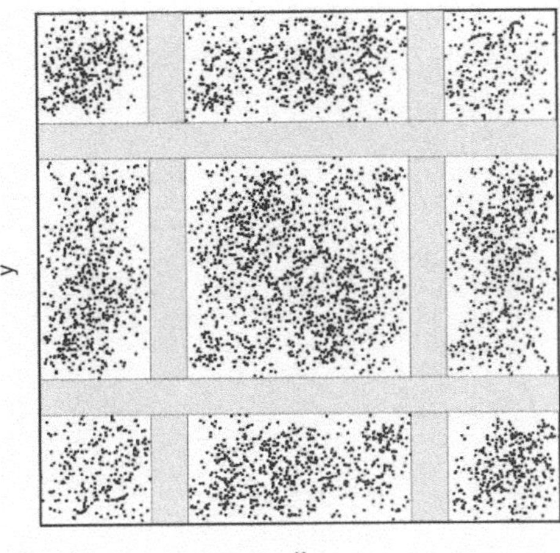

Abb. 6.15: Poincaré-Schnitt für den SMX-Mischer

Segmentlänge herrscht globales Chaos) bei der relativen Lauflänge $z/d = 2$ eingetragen. Um annähernd auf die Deformationswerte zu kommen, die im SMX-Mischer schon nach einem einzigen Segment, also bei $z/d = 1$ erreicht werden, muß dieser Kenics-Mischer doppelt so lang sein. Die ganz hohen Λ-Werte werden im Kenics-Mischer sogar gar nicht erreicht. Damit erklären sich auch die guten Mischwirkungen eines solchen komplexen Mischapparats wie dem SMX-Mischer.

Natürlich erkauft man sich diesen Effizienzvorteil beim Mischen durch einen wesentlich höheren Energieeintrag. So liegt der Druckverlust in solchen Apparaten deutlich höher als bei anderen Mischern. Üblicherweise führt man einen Korrekturfaktor Z ein, der den *schädlichen* Einfluß der Mischelemente auf die Druck-Durchsatz-Relation quantifiziert und ihn auf denjenigen eines Leerrohrs bei gleichem Volumenstrom bezieht:

$$Z = \left(\frac{\Delta p/l}{\Delta p_{Leer}/l} \right)_{\dot{V}=\dot{V}_{Leer}} \tag{6.17}$$

Werte des Druckverlustfaktors Z variieren in der Literatur [69, 19] für kreisförmige SMX-Mischer in Abhängigkeit der Stegdicke im Bereich von $Z = 10,\ldots,100$. Dies gilt bei laminaren Strömungsbedingungen für Werte $Re \leq 50$. Durch die FE-Berechnung des Stromfelds läßt sich natürlich die Druckverlustziffer für den hier untersuchten quadratischen SMX-Mischer sofort durch Integration der w-Komponente der Geschwindigkeit extrahieren. Er liegt ungefähr in der Mitte des angegebenen Intervalls bei $Z \approx 40$.

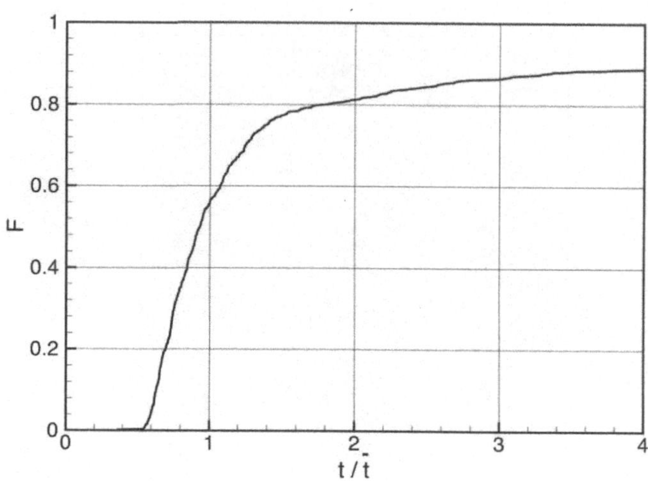

Abb. 6.16: Kumulierte Verweilzeitverteilungsfunktion $F(t/\bar{t})$ für den SMX-Mischer nach einem Segment

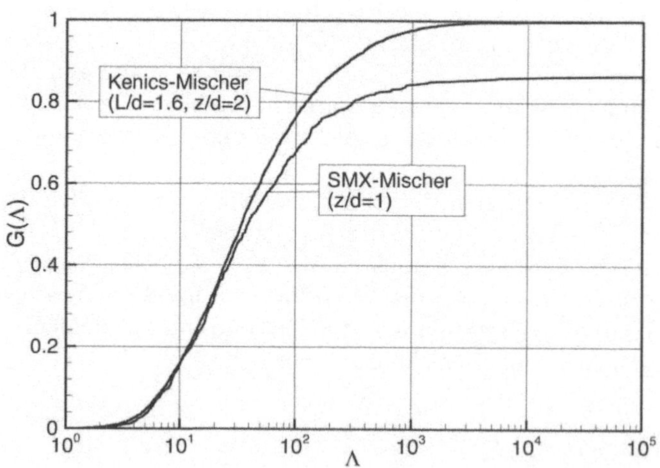

Abb. 6.17: Kumulierte Verteilungsfunktion der Deformation $G(\Lambda)$ für den SMX-Mischer nach einem Segment im Vergleich mit einem Kenics-Mischer ($L/d = 1.6$, $z/d = 2$)

6.2 Schneckenmaschinen

Schneckenmaschinen gehören zu den Apparaten, die in der Kunststofftechnik und in der Lebensmittelverarbeitung häufig zum Einsatz kommen. Im Herstellungsprozeß der Produkte besteht die klassische Aufgabe solcher Maschinen im Fördern zäher Fluide gegen einen axialen Druckanstieg. So müssen beispielsweise Kunststoffschmelzen zur Fertigung von Profilen, Rohren oder Folien durch entsprechende Werkzeuge mit hohem Druck gepreßt werden. Neben diesen, aus dem Bereich der Verarbeitung stammenden Aufgaben werden von Schneckenmaschinen immer häufiger auch Prozeßschritte aus der Aufbereitungsphase übernommen. Dazu gehören das Dosieren von verschiedenen Zusatzkomponenten wie Füll- und Verstärkungsstoffen mit anschließender Vermischung und das Entgasen von Lösungsmitteln [92]. Für die unterschiedlichen Einsatzgebiete wurden verschiedene Bauformen von Schneckenmaschinen entwickelt. Eine Übersicht über die Aufgaben von Schneckenmaschinen ist in [66, 67] zu finden.

6.2.1 Klassifizierung

Grundsätzlich bestehen die Schneckenmaschinen aus einem zylindrischen Gehäuse, in dem eine oder mehrere schraubenförmige Wellen um ihre Achsen rotieren. Die Anzahl der Wellen teilt die Bauformen der Schneckenextruder ein. Am häufigsten werden Ein- bzw. Zweiwellenmaschinen eingesetzt, Drei- und Mehrwellenmaschinen gehören eher zu den Exoten. Die Doppelschnecken lassen sich weiterhin nach ihrem Drehsinn unterteilen: den Gleichdrall- und den Gegendrallmaschinen. Zumeist sind die in der Extrusion eingesetzten Schnecken dichtkämmend, wobei die Stege der einen Schnecke den Schneckengrund der anderen Schnecke ausschaben [92]. Durch dieses Bauprinzip haben die Schnecken ein sehr gutes Selbstreinigungsvermögen, das durch das Spiel zwischen Schneckensteg und Schneckenkern und den Flanken bestimmt wird.

Zwar sind durch die komplexe Bauweise die Investitionskosten für Doppelschneckenextruder höher als für Einwellenschnecken, aber für die Lösung vieler verfahrenstechnischer Aufgaben haben die Doppelschneckenextruder deutliche Vorteile. Neben dem Selbstreinigungsvermögen, das gerade bei temperaturempfindlichen Fluiden eine große Rolle spielt, sind höhere Durchsätze und ein besseres Mischverhalten zu nennen.

Auch in der Literatur spiegelt sich die große Bedeutung von Schneckenmaschinen beim Einsatz in der verfahrenstechnischen Industrie wider. Seit Anfang der siebziger Jahre bis Mitte der achtziger Jahre waren es vor allem Einwellenschnecken, die untersucht wurden. Die theoretischen Modelle zur Beschreibung der Strömung basierten auf analytischen Ausdrücken für das Geschwindigkeitsfeld, aus denen dann die Verweilzeitverteilungsfunktion (z.B. [72, 8]) und die Scherdeformationsverteilung (z.B. [53, 74]) berechnet wurden. Eine gute Übersicht über das Transportverhalten von Einwellenschnecken ist in [71] zu finden. Experimentelle Studien zur Verweilzeitverteilungen wurden vor allem mit radioaktiven Tracern durchgeführt [101, 43]. Ab Anfang der achtziger Jahre sind vermehrt Arbeiten über Doppelschneckenextruder zu finden, die sich zunächst auf analytische Modelle für das Stromfeld und die Verteilungen von Verweilzeit und Scherspannung beschränkten (z.B. [73, 39]). Die numerische Simulation des Geschwindigkeitsfelds in nicht-kämmenden Geometrien, vor allem mit Finite-Differenzen-Verfahren, ist ab den neunziger Jahren zu finden [52, 33, 79]. Später werden Finite-Volumen- und Finite-Elemente-Verfahren [13] zur Simulation der Strömung in dichtkämmenden Doppelschnecken eingesetzt. Das Mischverhalten von Doppelschnecken wird weitgehend noch durch experimentelle Studien bestimmt [100, 60, 84, 90].

6.2.2 Doppelschneckenextruder

Exemplarisch soll hier das Mischverhalten eines gleichsinnig drehenden Doppelschneckenextruders numerisch simuliert werden [104]. Eine Skizze einer solchen Maschine ist in Abb. 6.18 zu sehen. Die Profile der beiden Wellen sind im Querschnitt baugleich, bestehen aus den Kernbereichen, den Kammbereichen sowie den Flanken und besitzen somit zweifache Spiegelsymmetrie. Der Extruder ist so gebaut, daß der Kamm der einen Schnecke die Flanken der zweiten (bis auf kleine Spalte) sauber abschabt. Die Profile haben die Steigung L und rotieren mit der konstanten Drehzahl n. Zwischen dem Gehäuse und den Wellen existieren bauartbedingt ebenfalls kleine Spalte. Weitere geometrische Parameter dieser Schnecke sind der Gehäuseinnendurchmesser d_G, der Achsabstand a und die Gangzahl Z_S.

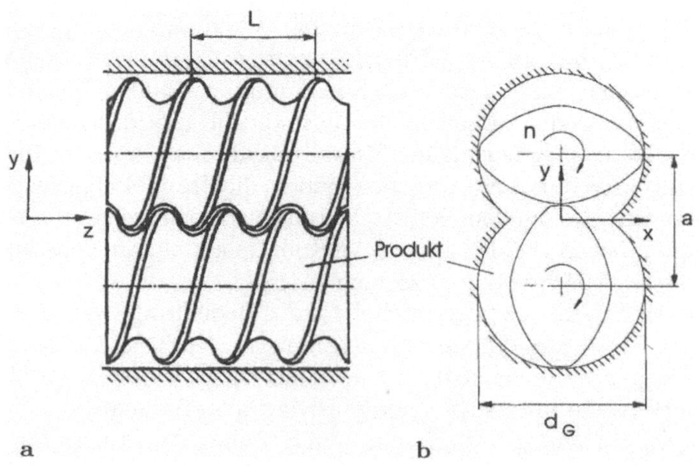

Abb. 6.18: Skizze einer zweigängigen Doppelschnecke ($Z_S = 2$): (a) Seitenansicht, (b) Querschnitt

Die Analyse der Strömung erfolgt unter folgenden Bedingungen: Die Schnecke liegt horizontal und ist vollständig mit einer inkompressiblen Flüssigkeit gefüllt; das Fluid haftet an den Wellen und am Gehäuse; die Strömung ist hydraulisch voll entwickelt und isotherm. Unter diesen Bedingungen ist die Strömung dreidimensional und im gehäusefesten Absolutsystem instationär. Sie ist bei dieser Modellbildung aber periodisch: bezüglich der Zeit t mit der Periode n/Z_s und gleichzeitig räumlich in Achsrichtung mit der Wellenlänge L/Z_s. Unter der Verwendung von kartesischen Koordinaten und kartesischen Geschwindigkeitskomponenten läßt sich daher eine Relativkoordinate

$$\zeta = z - Lnt \tag{6.18}$$

einführen, welche die z-Koordinate mit der Zeit koppelt. Ein mit der Geschwindigkeit Ln in Achsrichtung bewegter Beobachter sieht dann eine stationäre, räumlich periodische Strömung

$$\mathbf{v}(x,y,\zeta + L/Z_s) = \mathbf{v}(x,y,\zeta), \tag{6.19}$$

$$p(x,y,\zeta + L/Z_s) = p(x,y,\zeta). \tag{6.20}$$

Die spezielle Geometrie der hier betrachteten Schnecke weist gewisse Symmetrieeigenschaften auf, so daß das Intervall, in dem die Strömung berechnet werden muß, auf den Bereich

$$0 \leq \zeta \leq L/(2Z_s) \tag{6.21}$$

begrenzt werden kann [13]. Der Strömungssimulation liegen wiederum die Bewegungsgleichungen (2.20) und die Kontinuitätsgleichung (2.19) zugrunde. Ein Druckanstieg Δp pro Steigung L in axialer Richtung kann mechanisch als Volumenkraft in negative z-Richtung gedeutet werden und als $f_z = -\Delta p/L$ in Gl.(2.20) eingebracht werden. Die Größe p beschreibt dann nur noch die Feinstruktur des Drucks. Die Erhaltungsgleichungen sind zusammen mit dem Stoffgesetz für newtonsche Flüssigkeiten (2.22) und den Randbedingungen $\mathbf{v} = \mathbf{0}$ am Gehäuse bzw. der Bewegung der oberen und unteren Schnecke $u = -\pi n(2y \mp a), v = -2\pi nx, w = 0$ entsprechend einer Gleichdrallmaschine zu lösen.

Aus den hier relevanten physikalischen Einflußgrößen lassen sich folgende dimensionslose Kennzahlen bilden:

$$Re := \frac{\rho n d_G^2}{\eta_0}, \ K := \frac{\Delta p d_G}{\eta_0 n L}, \ Q := \frac{\dot{V}}{n d_G^3}, \ \Pi := \frac{P_L}{\eta_0 n^2 L d_G^2}$$

Hier wird mit P_L die Antriebsleistung pro Gangsteigung bezeichnet. Die weiteren unabhängigen Geometriegrößen werden mit dem Innendurchmesser d_G des Gehäuses entdimensioniert.

Aufgrund des komplexen, dreidimensionalen Strömungsgebiets erfolgt auch in diesem Fall die Lösung des Randwertproblems numerisch auf der Basis einer Finite-Elemente-Methode. Es wird das in Abschn. 2.3 gezeigte dreidimensionale, im Referenzzustand kubische, isoparametrische Element verwendet. Die Abb. 6.19 zeigt das Netz in räumlicher Ansicht. Um die Strömung zuverlässig auflösen zu können, sind knapp 4000 Elemente mit insgesamt ca. 10^5 unbekannten Knotenvariablen notwendig, vergl. Tabelle 6.4. Einzelheiten der numerischen Realisierung können [13] entnommen werden.

Tabelle 6.4: Angaben zu dem FE-Netz für die zweigängige Doppelschnecke

Anzahl der Elemente	3840
Anzahl der Knoten für $\mathbf{v}$	35931
Anzahl der Knoten für p	15360
Anzahl der Gleichungen für $\mathbf{v}$	81540
Anzahl der Gleichungen für p	15359

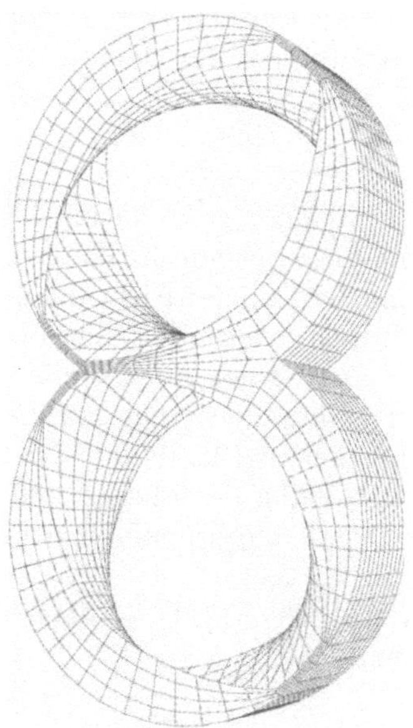

Abb. 6.19: Räumliche Darstellung des Finite-Elemente Netzes im Berechnungsintervall $-L/8 \leq \zeta \leq L/8$ für einen zweigängigen ($Z_S = 2$) Doppelschneckenextruder

Für den Anwender sind zunächst die fördertechnischen Eigenschaften einer Schnecke von Interesse, die sich aus den integralen Größen wie dem Volumenstrom und der erforderlichen Antriebsleistung je Gangsteigung als Summe von Nutzleistung und Dissipationsleistung

$$\dot{V} = \iint_{A_Q} w\, dA, \quad P_L = \dot{V}\Delta p + 2\eta_0 \iiint_{V_L} \mathrm{sp}\, \mathbf{D}^2\, dV \qquad (6.22)$$

ergeben. Sie charakterisieren die Schnecke in Form der Druck-Durchsatz- und der Druck-Leistungs-Kennlinien. Im allgemeinen arbeiten Schneckenmaschinen unter Betriebsbedingungen, in denen sowohl der Druckparameter K als auch der Volumenstrom Q positive Werte annehmen.

Beispielhaft werden hier numerisch berechnete Ergebnisse für zwei Betriebspunkte bei einer festen Geometrie gezeigt (Tabelle 6.5): der Arbeitspunkt ohne Gegendruck ($K = 0$) und ein Betriebszustand, in dem ein Druckanstieg in axialer Richtung die Förderung behindert. Bei schleichender Strömung newtonscher Flüssigkeiten sind die Förderkennlinien $K(Q)$ und $\Pi(Q)$ Geraden und können deshalb sofort aus den Ergebnissen konstruiert werden.

Tabelle 6.5: Normierte Zielgrößen für $Re = 0$ einer zweigängigen Doppelschnecke

Q	K	Π
0.3093	0	1141
0.1277	1250	1528

Die Abb. 6.20 und 6.21 zeigen Isolinien der Geschwindigkeitskomponente w in Achsrichtung in jeweils drei ausgewählten Querschnitten. Die Hauptförderung der Flüssigkeit findet bei beiden Betriebspunkten im Zwickelbereich statt, in dem die beiden Schneckenwellen ineinandergreifen. Oberhalb der Kämme bilden sich Rückströmgebiete aus, und zwar auch beim Betrieb ohne Gegendruck. Durch die Verschraubung der Profile ist nämlich der Druck in der Flüssigkeit hinter dem Kamm höher als davor. Bei erhöhtem Gegendruck verkleinern sich die Fördergebiete und an den Kämmen vergrößern sich die Rückströmungsgebiete.

Beachtenswert sind die in den Abb. 6.20 und 6.21 zu erkennenden Symmetrien sowohl im Querschnitt $\zeta = 0.0$ (Mitte des Berechnungsgebietes) als auch für $\zeta = -L/8$ (linker Rand des Berechnungsgebietes), obwohl die Schneckenprofile in Achsrichtung verschraubt sind. Diese Symmetrien gelten auch für die nicht gezeigte Geschwindigkeitskomponente u und (mit einem Vorzeichenwechsel) für die Komponente v sowie für den Druck p. Ursachen sind einerseits die kinematische Reversibilität schleichender Strömungen von linear und nicht-linear viskosen Flüssigkeiten, d.h. eine Umkehrung der Drehrichtung der Schnecken und eine gleichzeitige Umkehrung der Volumenkraft (im gesamten Stromfeld) ändern nur das Vorzeichen des Geschwindigkeitsvektors und der Feinstruktur des Drucks [12, 11]. Andererseits sind die Querschnitte der Schneckenprofile und das Gehäuse spiegelsymmetrisch. Obwohl diese

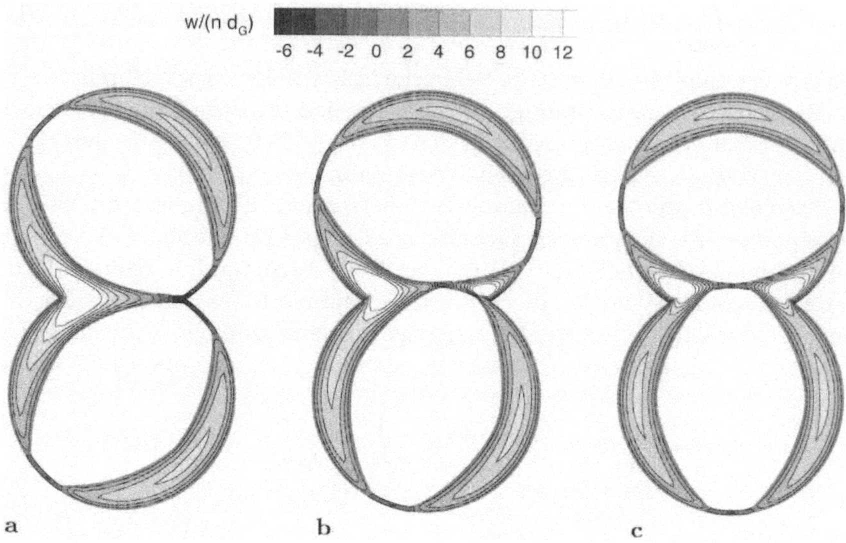

Abb. 6.20: Isolinien $w/(n\,d_G) = konst.$ in den Schnitten $\zeta = -L/8$ **(a)**, $\zeta = -3L/32$ **(b)**, $\zeta = 0.0$ **(c)** für $K = 0$

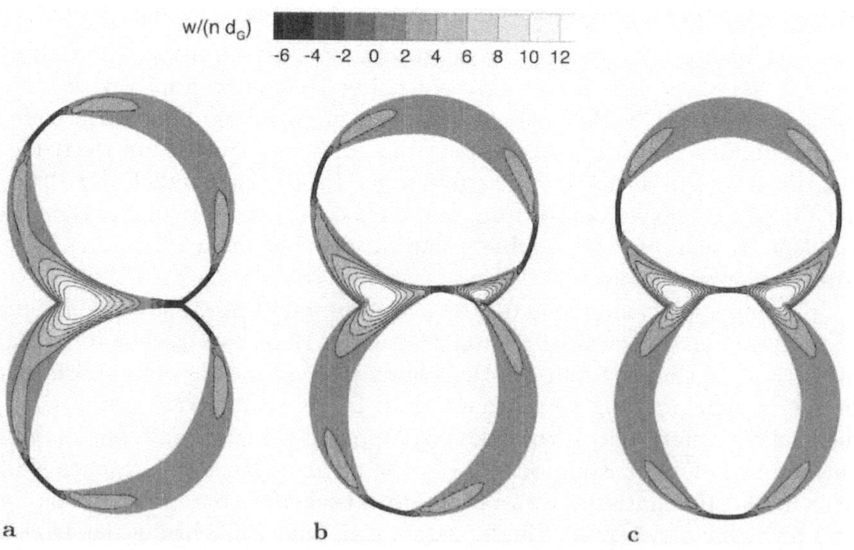

Abb. 6.21: Isolinien $w/(n\,d_G) = konst.$ in den Schnitten $\zeta = -L/8$ **(a)**, $\zeta = -3L/32$ **(b)**, $\zeta = 0.0$ **(c)** für $K = 1250$

speziellen Symmetrien nicht in die FE-Approximation eingebracht wurden, sind sie eindrucksvoll zu beobachten und zeugen so von der Güte der Berechnungen.

Fluide Partikel durchlaufen die Schnecke auf ganz unterschiedlichen Bahnen. Dies wird durch die Abb. 6.22 und 6.23 deutlich. Die Startpositionen der Partikel liegen im Zwickelbereich der Schnecke relativ dicht beieinander und sind für beide Betriebszustände gleich. Schon bei $K = 0$ trennen sich die Bahnen nach kurzer Zeit voneinander. Während das blaue Partikel den unteren und den oberen Teil der Schnecke rasch und ohne *Schlenker* durchläuft, kommt das grüne Partikel im unteren Teil der Schnecke nur langsam voran, wird zeitweilig sogar zurückgetrieben und *verfängt* sich dann an der Flanke der oberen Schnecke. Noch verschlungener bewegen sich die Partikel im Zustand $K = 1250$. Auffallend ist hier, daß ein axiales Vorankommen in Förderrichtung quasi nur im Zwickelbereich möglich ist.

Stabile periodische Punkte werden bei dem hier untersuchten Doppelschneckenextruder nicht beobachtet. Exemplarisch ist in Abb. 6.24 ein Poincaré-Schnitt des Doppelschneckenextruders im Betriebszustand $K = 0$ zu sehen. Angesichts der komplexen Bahnen, die vor allem durch den Zwickelbereich verursacht werden, sind solche stabilen periodischen Punkte auch nicht zu erwarten. Die Verweilzeiten der Partikel sind dabei ganz unterschiedlich. Aufschluß darüber gibt die Verweilzeitverteilungsfunktion. Zum numerischen Aufbau einer solchen Funktion werden in einem Schneckenabschnitt der Länge $L/4$ ca. 4000 Partikel im Strömungsfeld gleichmäßig verteilt und deren Verweilzeiten nach Gl.(2.4) berechnet. Jedem Partikel ist gemäß der Definition (3.14) ein repräsentativer Anteil des gesamten austretenden Volumenstroms zugeordnet. Die aus diesen Größen gebildete kumulative Verteilungsfunktion $F(t/\bar{t})$ ist somit als örtlich gemittelt zu verstehen. Ergebnisse für den Betriebszustand ohne Gegendruck sind in Abb. 6.25a veranschaulicht. Hierbei werden die Zeiten auf die mittlere Verweilzeit $\bar{t}$ bezogen. Kurvenparameter ist die Länge des betrachteten Schneckenabschnitts. Man erkennt, daß sich ab einer Länge von $z/d_G = 5/4$ die Verteilungen nicht mehr signifikant voneinander unterscheiden: Die Totzeiten bis zum Austritt der ersten Partikel aus dem Schneckenabschnitt betragen $t/\bar{t} \approx 0.6$, die Funktionen steigen monoton an und erreichen nach $t/\bar{t} \approx 5$ einen Wert von $F(5) \approx 0.99$. Dagegen durchlaufen einige Partikel den recht kurzen Schneckenabschnitt $z/d_G = 5/16$ nur im Bereich des Zwickels, in dem die hohen Axialgeschwindigkeiten auftreten. Dadurch lassen sich die kurzen Totzeiten erklären. Bemerkenswerterweise bleibt im Betriebszustand mit einem axialen Druckanstieg die normierte Totzeit konstant (Abb. 6.25b). Der Verlauf der Verweilzeitfunktion ist für 65% des Volumenstroms ähnlich, dann ändert sich die Funktion für $K = 1250$ hin zu höheren Zeiten. Dies ist durch die in diesem Betriebspunkt vergrößerten Rückströmgebiete verständlich. Das Aussehen der Verweilzeitverteilungen beider Betriebszustände ist größtenteils vergleichbar mit dem des Modells der laminaren Rohrströmung, vergl. Abb 6.25b. Lediglich bei $K = 1250$ ist im

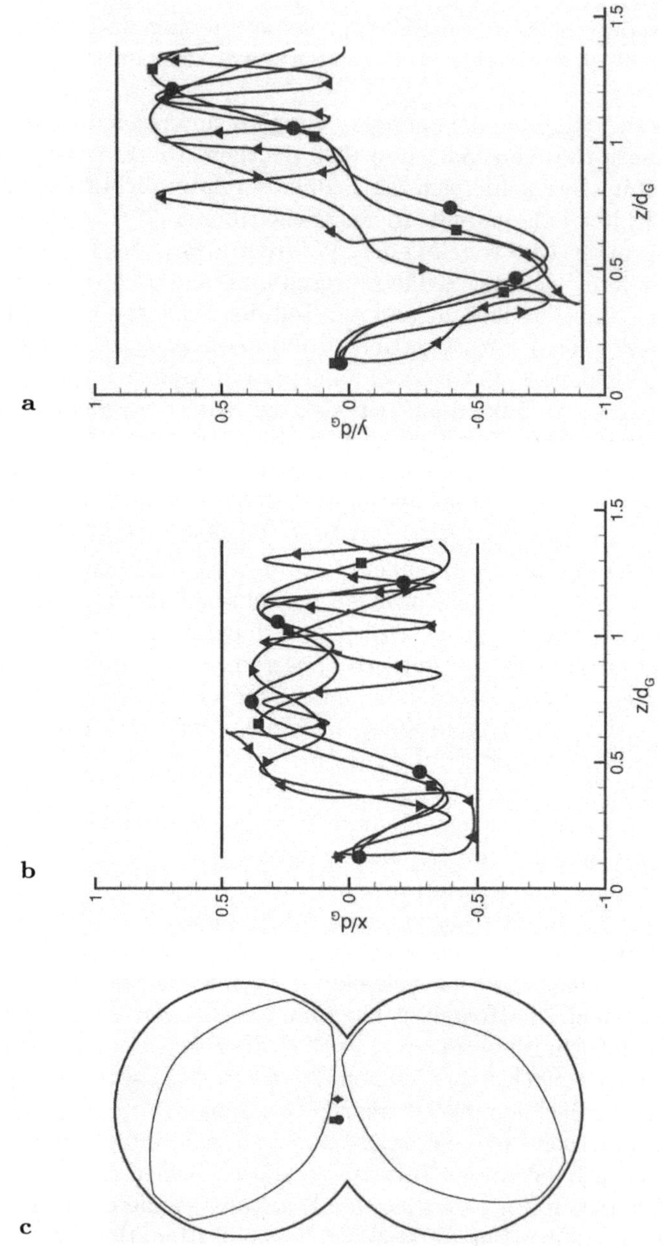

Abb. 6.22: Bahnlinien fluider Partikel: Seitenansicht (**a**), Draufsicht (**b**), Startposition (**c**); Betrieb ohne Gegendruck $K = 0$.

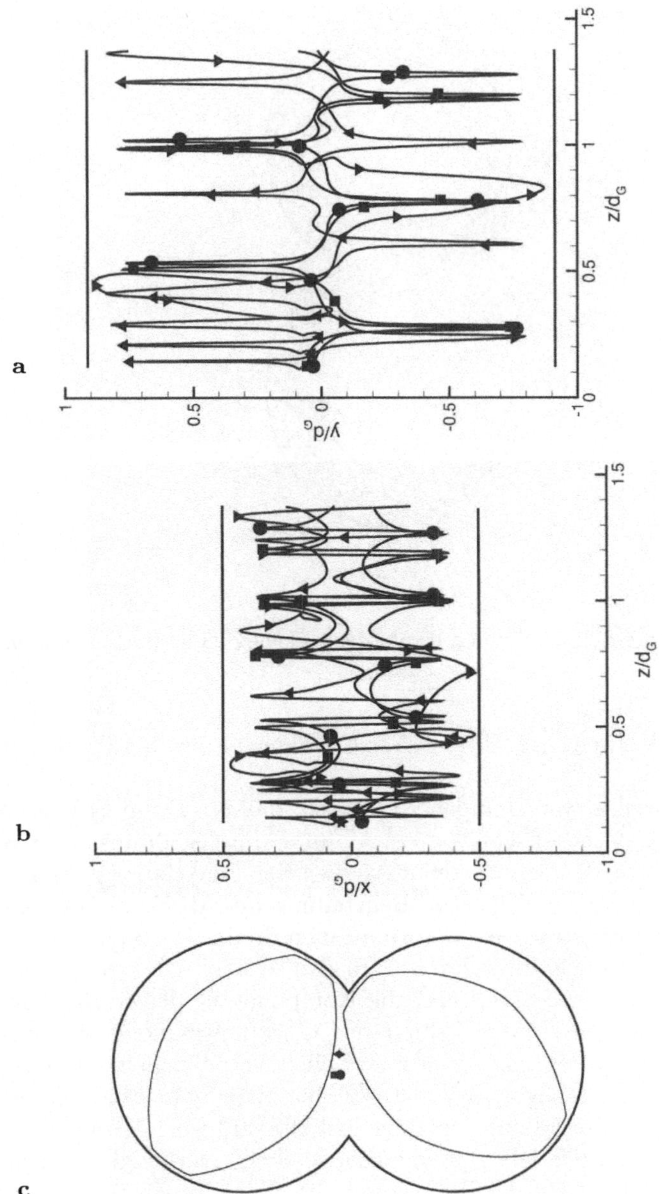

Abb. 6.23: Bahnlinien fluider Partikel: Seitenansicht (**a**), Draufsicht (**b**), Startposition (**c**); Betriebszustand $K = 1250$.

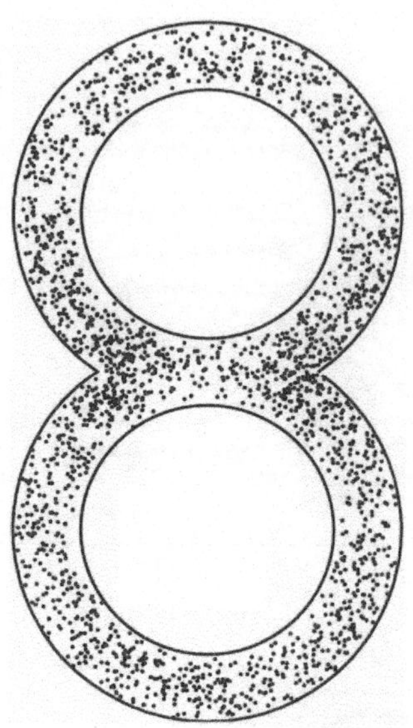

Abb. 6.24: Poincaré-Schnitt für den Doppelschneckenextruder im Betriebszustand $K = 0$.

oberen Teil der Verweilzeitfunktion eine Annäherung an den idealen Rühr-kessel zu erkennen.

Aus den Verweilzeitverteilungen zu folgern, daß ein Doppelschneckenex-truder genauso schlecht mischt wie ein laminar durchströmtes Rohr ist si-cherlich falsch. Zwar deutet ein steiler Anstieg der Funktion $F(t/\bar{t})$ auf eine geringe Mischwirkung hin [92]. Eine Beurteilung des Mischvorgangs gelingt jedoch erst unter Beachtung der Deformationen fluider Partikel.

Für zwei ausgewählte fluide Partikel in dem drucklosen Betriebszustand $K = 0$ zeigen die Abb. 6.26 und 6.27 die Komponenten des Rechts-Cauchy-Green-Tensors und die daraus gebildeten Mischungsmaße $\epsilon = \log \Lambda$. In Abb. 6.26 liegt der Startpunkt eines materiellen Volumenelements im Flan-kenbereich der Schnecke. Es bewegt sich von der einen Schneckenwelle schnell zum Zwickelbereich, durchläuft dort eine Schlaufe und wird dann von der an-deren Welle übernommen. Die Symbole kennzeichnen hierbei gleiche zeitliche Abstände ($\Delta nt = 0.1$). Auf der Bahn durch die Schnecke wird das Volumen-element in Koordinatenrichtungen stark gedehnt (die Diagonalelemente von $\mathbf{C}$ steigen vom Startwert 1 aus um mehrere Zehnerpotenzen an und liegen jeweils in gleichen Größenordnungen). Das Nebendiagonalelemente C_{xz} hat ab der Zeit $nt = 0.8$ ähnliche Absolutwerte wie die Hauptdiagonalelemente, wird jedoch dann negativ und ist deshalb nicht vollständig in der Abb. 6.26 zu sehen. Das Element C_{yz} ist durchweg negativ und erscheint in Abb. 6.26 des-

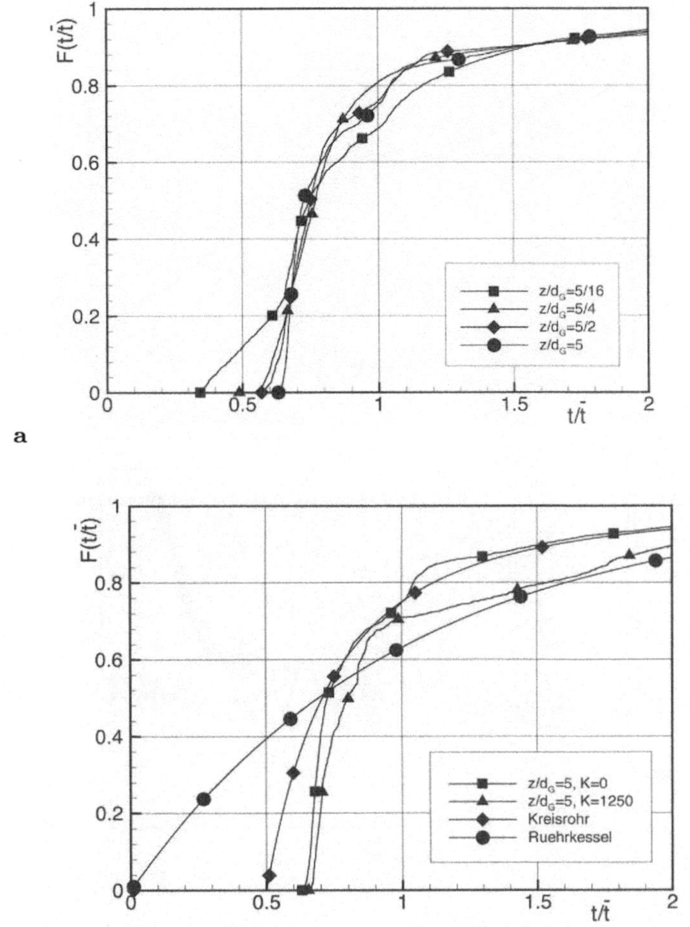

Abb. 6.25: Verteilungsfunktion der Verweilzeit $F(t/\bar{t})$ eines Doppelschneckenextruders in Abhängigkeit von der Länge des Schneckenabschnitts (**a**), Betriebszustand $K = 0$) und Vergleich von $F(t/\bar{t})$ mit den theoretischen Modellen aus Abschn. 3.3.1 (**b**)

halb als Betrag. Dieses Verhalten ist durch die Volumenerhaltung begründet, denn natürlich bleibt die Nebenbedingung $\det \mathbf{C} = 1$ stets erfüllt. Das Deformationsmaß Λ verhält sich entsprechend und steigt über 4 Zehnerpotenzen an.

Etwas anders sieht es bei der Abb. 6.27 aus. Der Startpunkt des Volumenelements liegt hier in unmittelbarer Nähe des Gehäuses. Die Bahnlinie verläuft zunächst am Gehäuse entlang. Man erkennt das Vorbeilaufen der

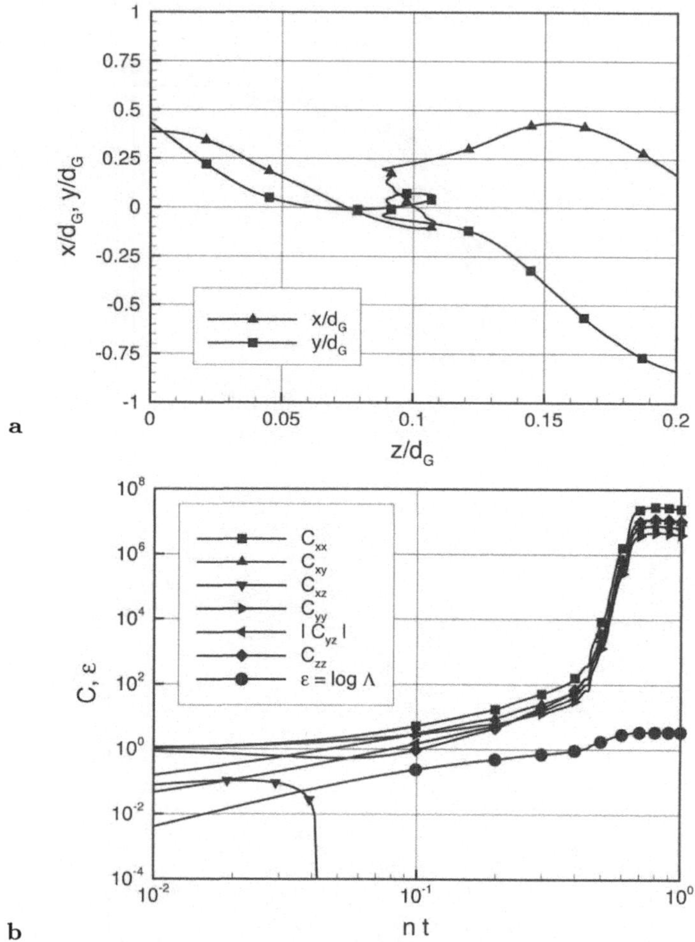

Abb. 6.26: Bahnlinie (**a**) und Deformation (**b**) eines fluiden Partikel: Startposition im Bereich der Flanke. Die Symbole kennzeichnen gleiche zeitliche Abstände $\Delta nt = 0.1$ (bei C_{xz}: $\Delta nt = 0.01$)

Kämme an den Oberschwingungen im oberen Bild, u.z. bei der hier zweigängigen Schnecke zwei Schwingungen pro Umlauf der Welle ($\Delta nt = 1.0$). Der Verlauf der Partikelbahn spiegelt sich auch in den Deformationen wider. Einerseits ist auch hier das Vorbeilaufen der Kämme durch Verzerrungsspitzen in allen Komponenten zu erkennen. Anderseits fallen die Komponenten C_{xx} und C_{yy} deutlich höher aus als die Komponente C_{zz}. Bei $z/d_G \approx 0.55$ erreicht das Element den Zwickelbereich und wird dann deutlich schneller in Achsrichtung transportiert. Dementsprechend steigen dann die Komponenten

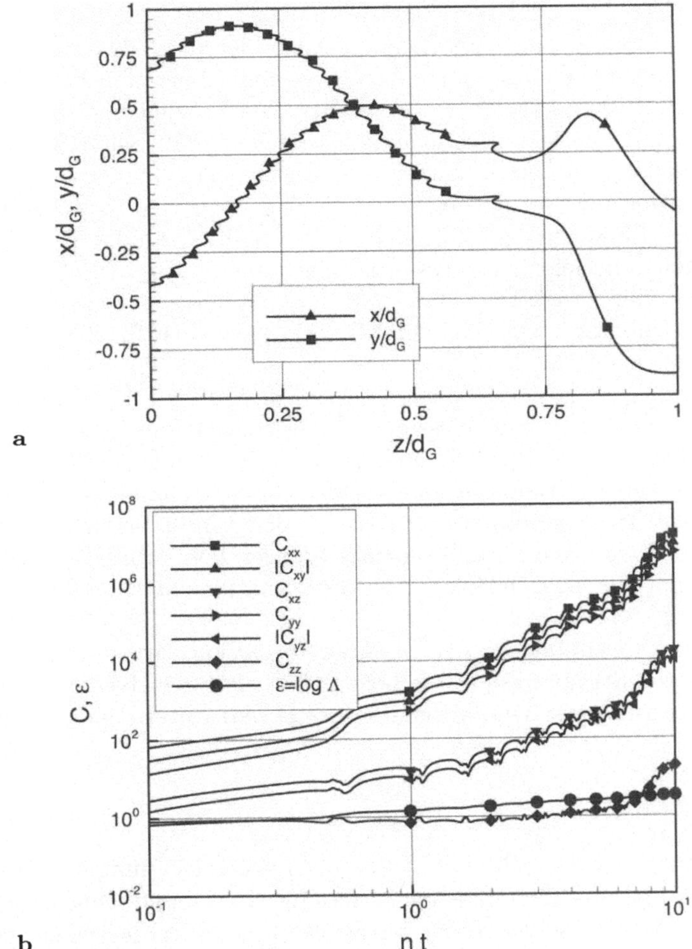

Abb. 6.27: Bahnlinie (a) und Deformation (b) eines fluiden Partikel: Startposition im Bereich in unmittelbarer Gehäusenähe. Die Symbole kennzeichnen gleiche zeitliche Abstände $\Delta nt = 1.0$

von **C** (betragsmäßig) stark an. Im Vergleich mit Abb. 6.26 ist der Anstieg des Deformationsmaßes Λ weniger stark ausgeprägt. Man beachte dabei die unterschiedlichen Zeitskalen in den genannten Abbildungen.

Zu Aussagen über einen gesamten Schneckenabschnitt gelangt man auch hier durch Angabe einer Verteilungsfunktion. Dazu wird das Deformationsmaß vieler Fluidelemente nach Durchlaufen eines Schneckenabschnitts vorgegebener Länge (in Achsrichtung) berechnet und als Anzahlverteilung $G(\Lambda)$ über dem Deformationsmaß Λ dargestellt. Abbildung 6.28a zeigt Ergebnisse solcher Berechnungen für den Betriebspunkt $K = 0$ mit der Länge des Schneckenabschnitts als Kurvenparameter. Auch hier ist $G(\Lambda)$ als örtlich gemittelt zu verstehen. Verständlicher Weise verschieben sich die Verteilungen mit wachsenden Parameter z/d_G nach rechts. Die Fluidelemente verweilen bei den längeren Schneckenabschnitten auch länger in der Schnecke und erhöhen damit die Wahrscheinlichkeit, in den Zwickelbereich zu gelangen und dort stark deformiert zu werden. Während dies bei $z/d_G = 5/16$ offensichtlich für ca. 40% der Fluidelemente gilt (bei $G(\Lambda) = 0.6$ knickt die Verteilungsfunktion zu höheren Deformationen ab), gelangen bei $z/d_G = 5/4$ ca. 50% der Elemente in den Zwickelbereich.

Dieser Zwickelbereich zwischen den Schneckenwellen ist für die Erhöhung der Deformationen entscheidend. Dies verdeutlicht Abb. 6.28b, in der die Verteilungsfunktionen $G(\Lambda)$ der Doppelschnecken und einer Einwellenschnecke mit gleichen geometrischen Abmessungen, d.h. gleicher Steigung und gleichen Spaltweiten gegenübergestellt sind. Ca. 50% der Fluidelemente erfahren annähernd die gleichen Deformationen. Offensichtlich kommt dieser Anteil der Elemente in der Doppelschnecke nicht in den Einflußbereich der zweiten Schnecke. Die restlichen Fluidelemente kreuzen den Zwickelbereich und erfahren dadurch um ca. 1 Dekade höhere Deformationen als bei der Einwellenschnecke.

Der Anteil der Dehnung an der Gesamtdeformation wird deutlich, wenn man im gesamten Strömungsfeld die beiden von Null verschiedenen Invarianten des Verzerrungsgeschwindigkeitstensors $\mathbf{D}$ betrachtet. Bildet man das Verhältnis

$$\alpha = \frac{III_{\mathbf{D}}}{(-II_{\mathbf{D}})^{3/2}}, \qquad (6.23)$$

so repräsentiert das α den relativen Anteil der lokalen Dehnung an der lokalen Gesamtdeformation. Exemplarisch ist dies für eine Doppelschnecke in den Abb. 6.29 und 6.30 zu sehen. Dazu wurde das freie, mit Flüssigkeit gefüllte Volumen in ca. 4000 Volumenelemente zerteilt. In jedem dieser Elemente sind die beiden Invarianten ermittelt worden. Die relative Häufigkeitsdichte $q(\alpha) = dF(\alpha)/d\alpha$ (Abb. 6.29) als Ableitung der Verteilungsfunktion $F(\alpha)$ (Abb. 6.30) zeigt, daß die Scherung mit $\alpha = 0$ zwar den größten Anteil an der Deformation hat. Aber die Dehnanteile sind erwartungsgemäß nicht zu vernachlässigen. Insgesamt 40% des Gesamtvolumens werden mehr oder weniger gedehnt. Offensichtlich ist die Verteilungsfunktion symmetrisch zu dem Wert $\alpha = 0$. Dies ist Ausdruck der schon in den Geschwindigkeitsabbildungen 6.20 und 6.21 beobachteten Tatsache, daß in dem Stromfeld weitere Symmetrien enthalten sind, die zur numerischen Berechnung nicht ausgenutzt wurden.

Der Vergleich der Deformationen dieser Doppelschnecke mit den anderen hier behandelten Mischapparaten zeigt, daß bei ähnlichen axialen Abmessungen lediglich der SMX-Mischer annähernd gleich große Deformationen erzeugt. Die Mischwirkung beider Konfigurationen ist, obwohl sie in Bauweise und Wirkungsweise ganz unterschiedlich ausfallen, also vergleichbar.

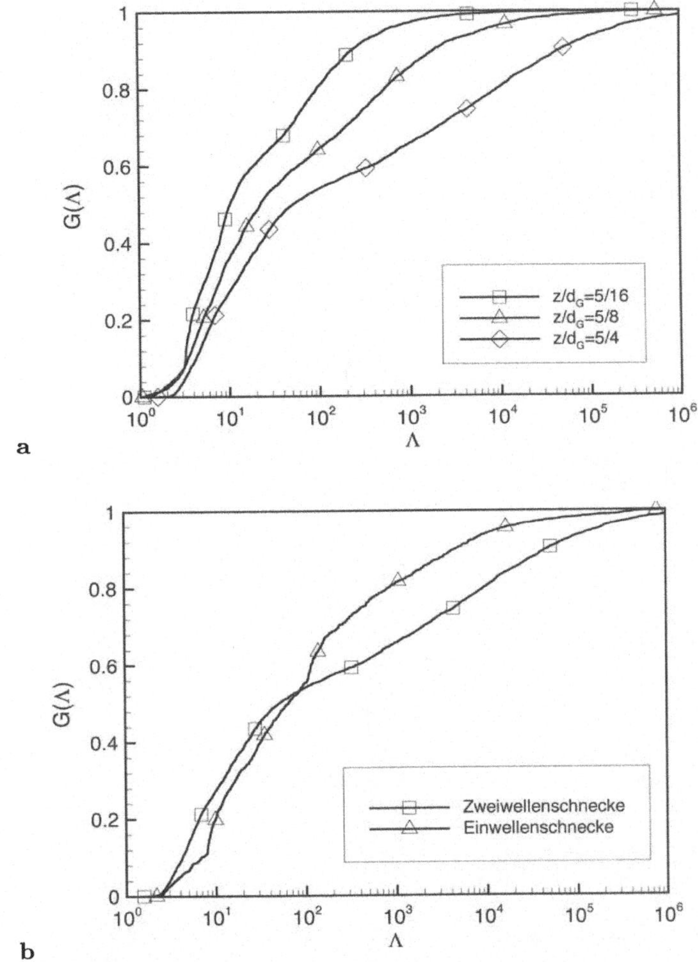

Abb. 6.28: Verteilungsfunktion der Deformation in Abhängigkeit von der Länge des Schneckenabschnitts ($K = 0$) (**a**) und Vergleich zwischen einer Doppelschnecke und einer Einwellenschnecke ($K = 0$, $z/d_G = 5/4$) (**b**)

Der Einfluß des speziellen Schneckenprofils auf die Mischwirkung ist relativ gering. Eigene numerische Untersuchungen mit unterschiedlich großen Kammwinkeln, Schneckensteigungen und Spielen zwischen den Schneckenwellen bzw. den Schnecken und dem Gehäuse zeigen, daß sich im wesentlichen die fördertechnischen Charakteristika ändern. Die Druck-Durchsatz-Kennlinien und die Leistungs-Durchsatz-Kennlinien verschieben sich, wobei größere Spalte und kleinere Kammwinkel zu einem geringeren Druckaufbau und einer geringeren Leistungsaufnahme führen. Dagegen ändern sich die

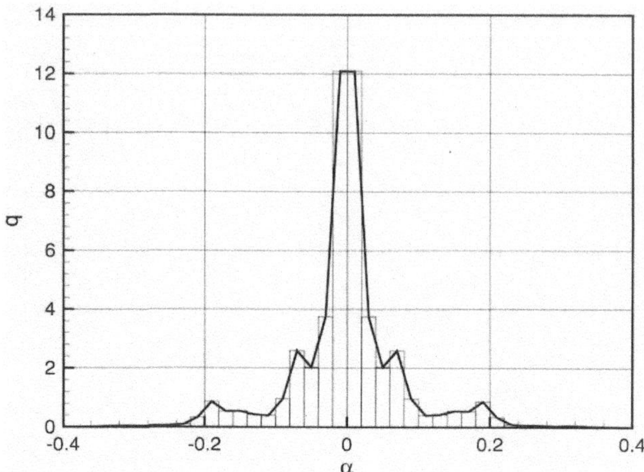

Abb. 6.29: Anteil der Dehnung an der Gesamtdeformation in einem Doppelschneckenextruder: relative Häufigkeitsdichte $q(\alpha)$

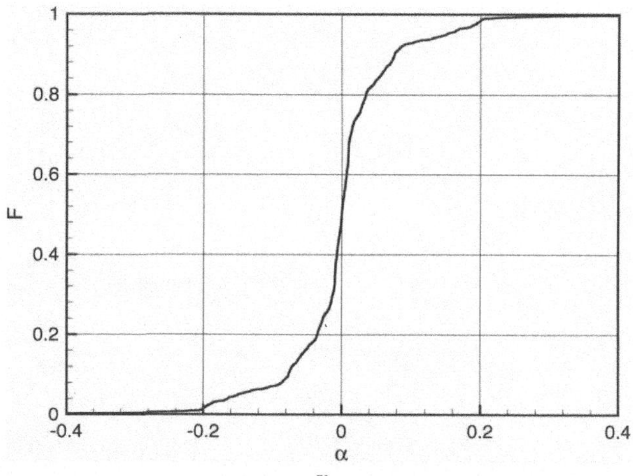

Abb. 6.30: Anteil der Dehnung an der Gesamtdeformation in einem Doppelschneckenextruder: Kumulierte Verteilungsfunktion $F(\alpha)$

Deformationsverteilungen nur unwesentlich, da der Zwickelbereich bei allen untersuchten Geometrien gleich groß blieb.

Die hier vorgestellten Untersuchungen bezogen sich stets auf Schneckenabschnitte mit einer relativ kurzen Ausdehnung in Achsrichtung. Dies resultiert aus der Tatsache, daß Doppelschneckenextruder vielfach als eine Art Reaktor verwendet werden, in dem mehrere Verfahrenschritte hintereinander ausgeführt werden. Dazu sind die Schneckenwellen modular aus unterschiedlichen Segmenten aufgebaut. Neben Fördersegmenten verschiedener Steigungen werden vor allem auch Knetsegmente und überfahrene Segmente verwendet [75]. Die axialen Längen dieser Segmente liegen vielfach in der Größenordnung des Steigungsparameters. Abb. 6.31 zeigt beispielhaft das Innenleben einer solchen Doppelschnecke.

Abb. 6.31: Segmente einer Doppelschnecke mit unterschiedlichen Steigungen: Fördersegmente, überfahrenes Segment, Knetscheiben (von links nach rechts)

6.3 Rührer

Das Rühren ist eine der ältesten Grundoperationen in der Verfahrenstechnik. Daher gehören Rührbehälter zu den Apparaten, die in der chemischen Industrie, in der Nahrungsmittelindustrie aber auch im Haushalt am häufigsten für das Mischen eingesetzt werden. Neben dem Homogenisieren dienen Rührbehälter auch zum Suspendieren, dem Emulgieren und dem Begasen von Flüssigkeiten. Weiter wichtige Anwendungen sind Reaktoren, die als CSTR (continuously stirred reactors) betrieben werden.

Der Aufbau eines solchen Rührbehälters ist vergleichsweise einfach. In einem offen (oder auch geschlossenen) zylindrischen Gefäß ist ein Rührorgan typischerweise zentrisch eingebaut, das von einem Motor angetrieben wird. Der Rührer selbst ist je nach Anwendungsfall ganz unterschiedlich gebaut. Die Hauptströmung ist bei allen Rührern in Umfangsrichtung orientiert. Üblicherweise teilt man die Bauformen der Rührer daher nach der sekundären Strömungsrichtung in der Medianebene ein. Propeller-, Schnecken-, Wendel- und Ankerrührer gehören zu den Axialrührern, Scheiben- und Blattrührer zählen zu den Radialrührern. Daneben sind auch Mischformen wie Intermig- und Schrägblattrührer in Gebrauch. Zur Verhinderung der Trombenbildung bei höheren Reynoldszahlen werden zwei bis vier senkrechte Bleche am Behälterrand als Stromstörer angeordnet. Wichtige Bauformen von Rührbehältern können z.B. [108] entnommen werden.

Im allgemeinen ist der Mischvorgang in einem Rührbehälter instationär und dreidimensional. So bereitet schon die Berechnung des Geschwindigkeitsfeldes in einem realen Apparat Schwierigkeiten (siehe z.B. [6, 89]) und für die Bestimmung von Mischgüten ist man erst recht auf Versuche angewiesen. Es ist daher sinnvoll, gewisse Vereinfachungen bezüglich der Geometrie des Rührerapparats zuzulassen, die es einerseits erlauben, die Strömung in vertretbarem Zeitaufwand numerisch zu berechnen, andererseits aber die Haupteffekte beim Mischen zu erfassen.

Am Beispiel eines einfachen Scheibenrührers soll in dem abschließenden Beispiel der Einfluß von nicht-Newtonschen Stoffeigenschaften auf das Mischverhalten diskutiert werden [103]. Diese Bauweise von Rührern gehören zu der Klasse der Radialrührer. Am unteren Ende des drehenden Rührerschafts (Durchmesser d_w) ist eine Scheibe mit dem Durchmesser d angebracht. Der Rührer ist zentrisch in einem Behälter mit dem Durchmesser D und der Höhe h eingebaut, vergl. Abb. 6.32a. Zur Reduzierung des numerischen Aufwands befinden sich keine Wehrbleche oder Stromstörer an den Behälterwänden. Bei konstanter Drehzahl des Rührers stellt sich eine rotationssymmetrische Strömung ein. Es genügt daher, lediglich eine Hälfte des Meridianschnitts durch den Scheibenrührer zu betrachten. Bei Verwendung eines Zylinderkoordinatensystems, dessen Ursprung auf der Achse am Boden des Behälters liegt, hängen die drei Geschwindigkeitskomponenten v_r, v_φ, v_z nur von den Koordinaten r und z, aber nicht von φ ab. Das Grundgebiet ist also nur zweidimensional. Die numerische Simulation erfolgt unter folgenden Randbedingungen: Haften der Flüssigkeit an den Wänden und am Boden des Behälters sowie am Scheibenrührer, der mit der Drehzahl n rotiert; Symmetriebedingungen auf der Achse und Spannungsfreiheit an der freien Oberfläche. Die letzte Randbedingung vernachlässigt eine Verformung der Flüssigkeitsoberfläche. Die Geometrie der Rührerkonfiguration wird durch fünf dimensionslose Parameter festgelegt,

$$\frac{h_R}{d} = 0.25, \quad \frac{d_W}{d} = 0.1, \quad \frac{e}{d} = 1.0, \quad \frac{D}{d} = 2.5, \quad \frac{h}{d} = 2.5.$$

Die Strömung im Behälter wird mit einer Finite-Element-Methode diskretisiert. Das zweidimensionale Netz (Abb. 6.32b) besteht im Gegensatz zu den räumlichen Netzen in den vorherigen Berechnungen aus 399 ebenen Sechs-Knoten-Dreieckselementen. In diesen Taylor-Hood-Elementen werden quadratische Ansatzfunktionen für die Geschwindigkeiten und lineare Ansatzfunktionen für den Druck verwendet. Die Diskretisierung führt auf ein unstrukturiertes Netz mit 872 Unbekannten.

Der Rührbehälter ist mit einer viskoelastischen Flüssigkeit gefüllt. Die Materialeigenschaften eines solchen Fluids mit Gedächtnis lassen sich durch ein Einfachintegral-Stoffgesetz in der Form (2.27) beschreiben. Meist genügt

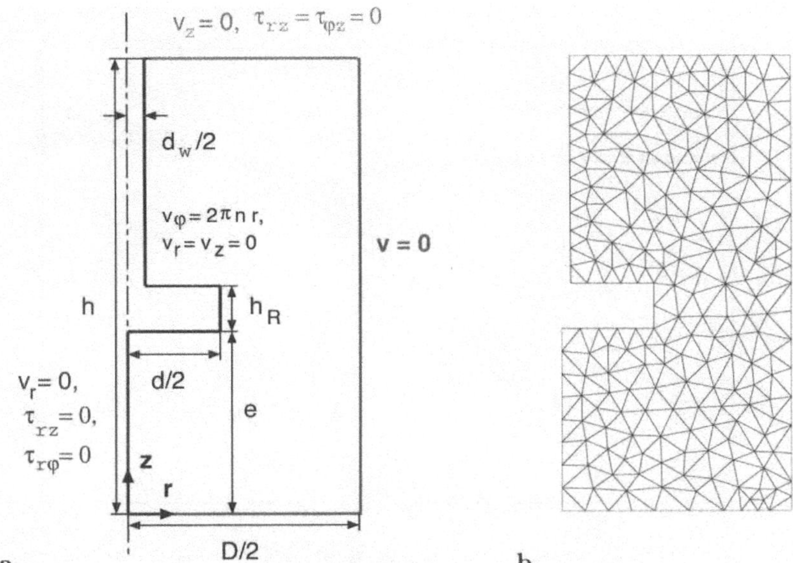

Abb. 6.32: Skizze des Meridianschnitts des Scheibenrührers und Randbedingungen (a) sowie das FE-Netz der Rührerkonfiguration (b)

eine leicht modifizierte Form nach Wagner [94]

$$\mathbf{T}(\mathbf{r}) = \int_0^\infty \left[\Psi(s, II_{\mathbf{C}_t}) \left(\mathbf{C}_t^{-1}(\mathbf{r}, s) - \mathbf{1} \right) \right] ds, \tag{6.24}$$

mit einer Gedächtnisfunktion

$$\Psi(s, II, \mathbf{C}_t) = \left[\sum_{k=1}^K \frac{a_k}{\lambda_k} \exp\left(\frac{-s}{\lambda_k} \right) \right] \exp\left[-c\sqrt{II_{\mathbf{C}_t} - 3} \right],$$

um die Stoffeigenschaften richtig wiederzugeben. Neben der retadierten Zeit s, dem relativen Rechts-Cauchy-Green-Tensor $\mathbf{C}_t$ und der zweiten Invariante $II_{\mathbf{C}_t}$ gehen die $2k + 1$ freien rheologischen Parameter a_k, λ_k, c ein. Für eine wässrige 2% Separan AP-Lösung wurden die Stoffeigenschaften in Standardrheometern unter stationären und instationären kinematischen Bedingungen ermittelt. Der Vergleich in Abb. 6.33 zwischen den gemessenen Daten und der Anpassung des Stoffgesetzes (6.24) mit den in Tabelle 6.6 angegebenen Parameterwerten demonstriert dessen Leistungsfähigkeit.

Die Finite-Element-Berechnung des Stromfelds mit einem integralen Stoffgesetz ist äußerst komplex. So müssen u.a. für die Ermittlung der viskoelastischen Reibungsspannungen materielle Partikel längs ihrer Bahnlinien in die Vergangenheit zurückverfolgt werden und die erlebten Deformationen berechnet und integriert werden. Details der numerischen Prozedur sind in [16, 17] ausführlich beschrieben.

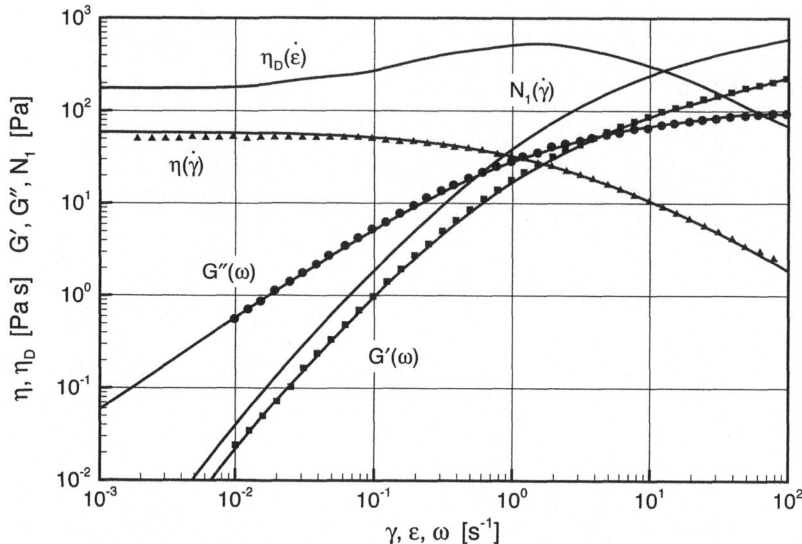

Abb. 6.33: Rheologisches Verhalten einer wässrigen 2% Separan AP-Lösung und deren Approximation mit einem Einfachintegralmodell nach Wagner [94]

Tabelle 6.6: Parameter der Approximation einer wässerigen 2% Separan AP-Lösung mit einem Einfachintegralmodell

k	$\lambda_k\ [s]$	$a_k\ [Pa]$
1	$4.00 \cdot 10^1$	$7.38 \cdot 10^{-2}$
2	$8.00 \cdot 10^0$	$9.81 \cdot 10^{-1}$
3	$3.00 \cdot 10^0$	$3.60 \cdot 10^0$
4	$1.00 \cdot 10^0$	$1.85 \cdot 10^1$
5	$3.00 \cdot 10^{-1}$	$3.32 \cdot 10^1$
6	$1.00 \cdot 10^{-1}$	$5.50 \cdot 10^1$
7	$3.00 \cdot 10^{-2}$	$5.52 \cdot 10^1$
8	$1.00 \cdot 10^{-2}$	$1.34 \cdot 10^2$
$c = 0.275;\ \eta_0 = 58.5 Pa\ s;\ \lambda = 4.02 s$		

Bei festgelegter Geometrie hängt die Lösung von zwei Kennzahlen, der Reynoldszahl und der Deborah-Zahl, ab:

$$Re = \frac{\rho\, n\, d^2}{\eta_0}, \qquad De = \bar{\lambda}\, n. \tag{6.25}$$

Hier wird mit n die Drehzahl des Rührers bezeichnet und $\bar{\lambda}$ ist die mittlere Relaxationszeit, die sich aus den rheologischen Parameter wie folgt

$$\bar{\lambda} = \frac{1}{\eta_0} \sum_{k=1}^{K} a_k \lambda_k^2, \quad \eta_0 = \sum_{k=1}^{K} a_k \lambda_k$$

berechnet.

Für den Grenzfall $Re = 0$ bildet sich im Behälter eine Strömung nur in Umfangsrichtung aus. Eine Sekundärströmung in radialer und axialer Richtung in der Meridianebene existiert nicht. Diese entwickelt sich erst bei Berücksichtigung der trägen Eigenschaften des Fluids. Mit steigender Re-Zahl wird die Sekundärströmung immer ausgeprägter, der pro Zeiteinheit umgewälzter Volumenstrom steigt an und der daraus gebildete dimensionslose Zirkulationsbeiwert (*pumping number*) als ein Maß für die Wirksamkeit des Rührers erreicht für ein newtonsches Fluid bei $Re \approx 100$ den Wert 1 [77].

Die Sekundärströmung bei $Re > 0$ für ein newtonsches Fluid besteht im Meridianschnitt aus zwei Wirbeln. Am Scheibenrührer treibt die Trägheit das Fluid an die Wand, so daß der untere Wirbel im Uhrzeigersinn, der obere Wirbel entgegen dem Uhrzeigersinn dreht. In Abb. 6.34c sind die Geschwindigkeitsvektoren v_r und v_z im Meridianschnitt bei $Re = 1$ zu sehen. Zur besseren Darstellung sind alle Vektorpfeile gleich lang, die Konturlinien geben die Intensität der vertikalen Komponente v_z wieder.

Die Strömungsform ändert sich radikal, wenn der Behälter mit einer viskoelastischen Flüssigkeit gefüllt ist. Der Einfluß der elastischen Stoffeigenschaften spiegelt sich dabei durch die Deborah-Zahl wider. Ausgehend von $De = 0$ für ein newtonsches Fluid entwickelt sich mit steigender De-Zahl ein zweites Wirbelpaar, das in Konkurrenz zu den Trägheitswirbeln steht und in entgegengesetzte Richtungen dreht.

Bei $De \approx 0.04$ sind beide Wirbelpaare von gleicher Größenordnung und bei $De \approx 0.25$ sind nur noch die elastischen Wirbel zu sehen, vergl. Abb. 6.34a und b. Die Umfangskomponente der Strömungsgeschwindigkeit im gesamten Feld ändert sich dabei mit steigender De-Zahl nur minimal.

Auch in der Dissipationsleistung P_D ist der Einfluß der viskoelastischen Stoffeigenschaften zu erkennen. Dies zeigt die Abb. 6.35, in der die dimensionslose Newton-Zahl

$$Ne = \frac{P_D}{\rho \, n^3 \, d^5} \tag{6.26}$$

über der Deborah-Zahl aufgetragen ist. Mit wachsender De-Zahl nimmt die Ne-Zahl kontinuierlich ab. Hierfür sind vor allem die scherentzähenden Eigenschaften der Flüssigkeit verantwortlich, wie numerische Untersuchungen in [77] zeigen. Dort sind numerische Ergebnisse für rein strukturviskose Flüssigkeiten experimentellen Versuchen gegenübergestellt worden. Es zeigte sich in einem großem Bereich der Kennzahlen eine sehr gute Übereinstimmung von theoretischen Prognosen mit den Messungen.

Das relativ einfache Stromfeld in der hier betrachteten Rührerkonfiguration läßt eine geringe Mischwirkung erwarten. Die fluiden Partikel verlaufen in der Meridianebene längs der Stromlinien der Sekundärströmung. Die Zen-

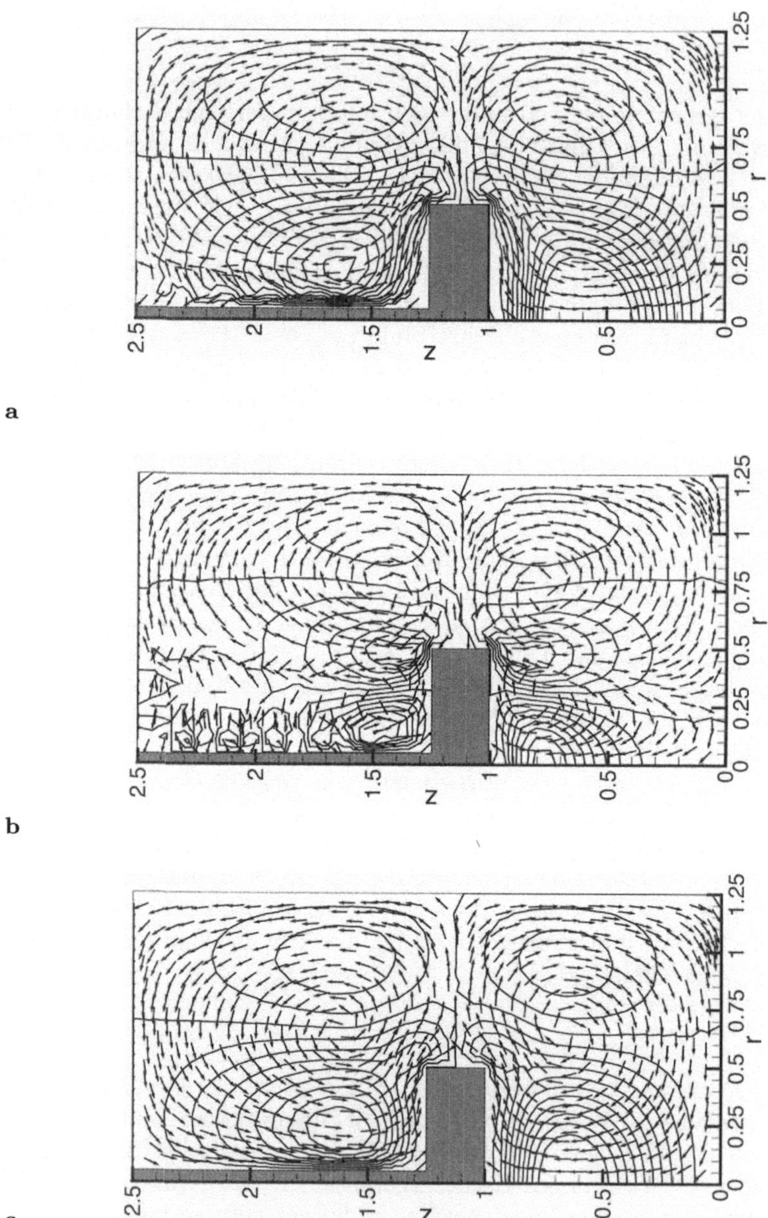

Abb. 6.34: Geschwindigkeitskomponenten v_r, v_z in der Meridianebene für $Re = 1.0$: Newtonsches Fluid, $De = 0.0$ (**c**); viskoelastisches Fluid, $De = 0.04$ (**b**) und $De = 0.25$ (**a**)

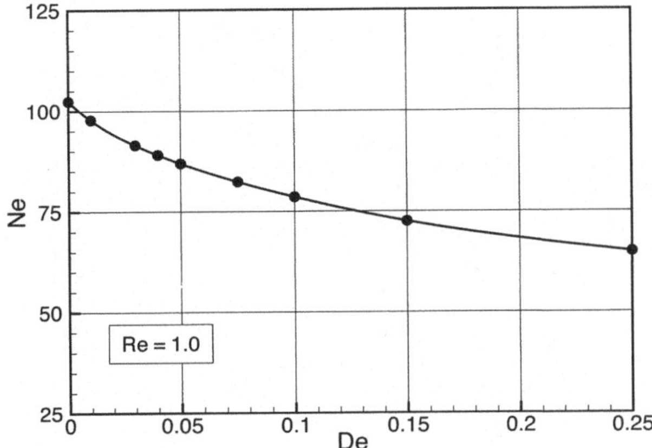

Abb. 6.35: Abhängigkeit der Newton-Zahl Ne von der nicht-newtonschen Kennzahl De

tren der Wirbel können als stabile periodische Punkte interpretiert werden. Diese sind von einer Grenzfläche quasiperiodischer Punkte umgeben, welche den gesamten Strömungsraum einnehmen. Chaotische Gebiete können sich nicht ausbilden. Dementsprechend sieht auch die Anzahlverteilung des Deformationsmaßes aus, vergl. Abb. 6.36a. Nach einer dimensionslosen Rührzeit von $t/\bar\lambda = 10$ werden für Λ lediglich Maximalwerte von 10^2 erreicht und die Verteilungsfunktion ist recht breit. Für ca. 70% der Flüssigkeit bleiben die Deformationen sogar unter dem Wert von $\Lambda = 10$. Dies gilt nicht nur für das newtonsche Fluid ($De = 0$), sondern auch für die viskoelastischen Flüssigkeiten ($De > 0$). Die Unterschied zwischen den Verteilungsfunktionen sind gering, wobei sich mit steigender De-Zahl die Verteilungskurve geringfügig zu kleineren Λ verschiebt. Hierfür ist vermutlich einerseits die unterschiedliche Intensität der Wirbel und andererseits der Einfluß der Strukturviskosität verantwortlich.

Mit zunehmender Zeit wächst auch die Deformation weiter an. Exemplarisch wird dies in Abb. 6.36b für $De = 0.1$ gezeigt. Die Verteilungsfunktionen wandern nach rechts, behalten aber im wesentlichen ihr prinzipielles Aussehen. Dieses Verhalten erinnert stark an die Verteilungsfunktionen einer laminaren Rohrströmung in Abhängigkeit von der relativen Rohrlänge (Abb. 5.3). In der Scheibenrührerkonfiguration ist die Scherströmung dominierend, so daß lediglich ein lineares Wachstum des Deformationsmaßes zu beobachten ist. Eine Verzehnfachung der Prozeßzeit liefert im wesentlichen auch nur eine Verzehnfachung der Deformation.

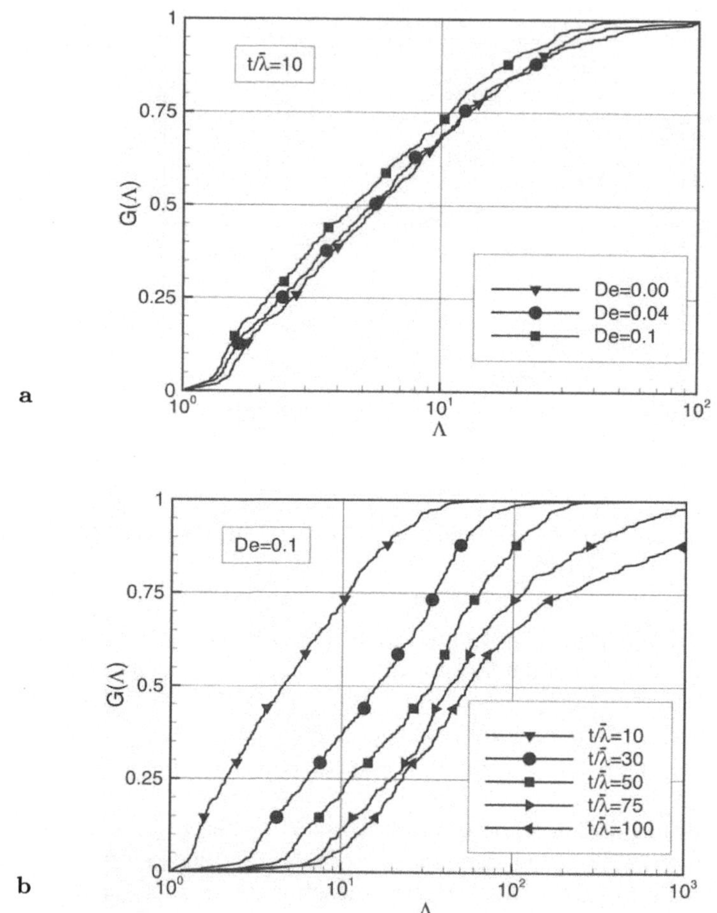

Abb. 6.36: Verteilungsfunktion Λ in Abhängigkeit von der *De*-Zahl (a) und von der dimensionslosen Zeit (b)

Diese Ergebnisse bestätigen die auch in der Praxis bekannte Tatsache, daß die hier untersuchte Scheibenrührerkonfiguration mit konstanter Drehzahl und zentrischem Energieeintrag für das laminare Mischen nicht besonders gut geeignet ist. Eine Verbesserung wäre einerseits durch zusätzliche Einbauten wie Stromstörer oder durch andere Geometrien der Rührorgane (Wendelrührer, Ankerrührer etc.) zu erwarten. Dazu sind einige theoretische und experimentelle Untersuchungen zum Geschwindigkeitsfeld in der Literatur zu finden, z.B. [98]. Anderseits ist zu erwarten, daß sich bei einer instationären Bewegung des Rührers mit Änderung der Drehrichtung auch bei dieser einfachen Geometrie eine Verbesserung der Mischwirkung erzielen ließe. Eine entsprechende Überprüfung steht allerdings bis jetzt noch aus.

6.4 Weitere Aspekte zum Einfluß nicht-newtonscher Stoffeigenschaften

Beim Scheibenrührer zeigt sich, daß nicht-newtonsche Stoffeigenschaften offenbar keinen großen Einfluß auf die Mischwirkung besitzen. Dies kann bei anderen Geometrien und anderer Prozeßführung durchaus anders sein. So wird in der Literatur berichtet, daß allein die scherentzähenden Stoffeigenschaften eines Fluids die chaotischen Mischfenster eines *driven-cavity*-Mischers verschiebt [55]. Bei Verwendung eines nicht-newtonschen Stoffgesetzes mit nur zwei freien Parametern wird dort durch numerische Simulation gezeigt, daß die Scherentzähung die Fenster mit stabilen periodischen Punkten vergrößert und damit den Parameterraum mit chaotischem Verhalten verkleinert. Experimentell kann dies für viskoelastische Flüssigkeiten in einer *driven-cavity*-Konfiguration bestätigt werden. In [49] beobachtet man hauptsächlich zwei Unterschiede zwischen einem newtonschen Fluid und einem sog. Boger-Fluid. Der Mischprozeß läuft langsamer ab und die *Inseln* mit stabilen periodischen Punkten vergrößern sich.

Offensichtlich deutlich geringer ist der Einfluß der nicht-newtonschen Materialeigenschaften bei Konfigurationen und Prozessen, die entweder gar keine stabilen periodischen Punkte (globales Chaos) aufweisen oder aber in denen sich gar keine chaotischen Gebiete ausbilden. Dies zeigt einerseits der oben behandelte Scheibenrührer als Beispiel für eine Konfiguration ohne chaotischem Verhalten. Anderseits ist in [105] das Mischverhalten einer strukturviskosen, zähen Flüssigkeit in einem *global chaotischen* SMX-Mischer unter schleichenden Bedingungen näher untersucht worden. Durch die Scherentzähung ändert sich das Stromfeld deutlich. Im Vergleich zu der in Abb. 6.12 gezeigten Strömung in den *Kanälen* ist das Profil nicht mehr annähernd parabolisch wie bei dem newtonschen Fluid, sondern insgesamt *stumpfer*, vergleichbar dem Strömungsprofil scherentzähender Flüssigkeiten in einer zweidimensionalen Kanalströmung. Bei gleichem Energieeintrag erhöht sich der durchgesetzte Volumenstrom mit ansteigender Strukturviskosität deutlich. Obwohl die Fluidpartikel damit bei den betrachteten verschiedenen Flüssigkeiten auf unterschiedlichen Bahnen durch den SMX-Mischer verlaufen, bilden die Orte in den Diskretisierungsschnitten eine fast identische Struktur. Dies verdeutlicht Abb. 6.37. Die schon in Abb. 6.14 gezeigten Lagen der Partikel nach zwei Segmenten für ein newtonsches Fluid sind in Abb. 6.37a zu sehen, in Abb. 6.37b diejenigen für eine stark strukturviskose Flüssigkeit. Die sonstigen Rand- und Anfangsbedingungen sind identisch. Nur bei sehr genauer Betrachtung kann man sehr kleine Unterschiede erkennen. Auch die Verteilung der Deformation nach einem Segment ist quasi identisch.

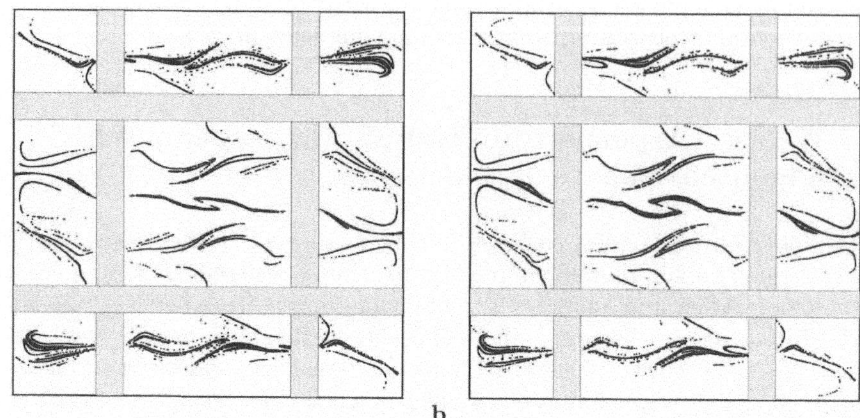

Abb. 6.37: Diskretisierung der Bahnlinien in einem SMX-Mischer zur Demonstration des Einflusses nicht-newtonscher Fluideigenschaften. Querschnitt nach 2 Segmenten: Newtonsches Fluid (a), strukturviskoses Fluid (b)

Ähnliche Aussagen werden in [47] getroffen. Dort ist das Mischverhalten eines speziellen statischen Mischers, dem sogenannten Ross-ISG-Mischer, experimentell unter Verwendung einer viskoelastischen Flüssigkeit (1%-igen wässrige Polyacylamid-Lösung) untersucht worden. Die Ermittlung einer Mischgüte erfolgte dort derart, daß ein Teil des Volumenstroms eingefärbt wurde. Hinter dem Mischer nahm eine Videokamera die Farbverteilung über dem Querschnitt auf, deren Bilder dann mit einem Bildanalysesystem in eine Grauwertehäufigkeitsverteilung umgewandelt wurde. Die Versuchsergebnisse zeigten, daß die viskoelastischen Stoffeigenschaften erst bei $Re > 1$ und $De > 2$ einen meßbaren Effekt auf die Mischgüte hatten. Im Bereich der schleichenden Strömungen mischen viskoelastische Flüssigkeiten in dem Mischer quasi wie rein viskose Fluide.

7. Zusammenfassung und Ausblick

In der vorliegenden Arbeit wird das laminare Mischen von viskosen, inkompressiblen Flüssigkeiten unter einem strömungsmechanischen Blickpunkt theoretisch untersucht. Die Analyse des Mischvorgangs erfolgt unter den Annahmen, daß die zu mischenden fluiden Medien gleiche Stoffeigenschaften besitzen, Diffusion und thermische Effekte keine Rolle spielen und keine chemischen oder biologischen Reaktionen Einfluß auf den Mischprozeß haben.

Der Grundgedanke bei der Untersuchung eines laminaren Mischvorgangs bildet eine hybride Vorgehensweise, die durch drei Arbeitsschritte gekennzeichnet ist:

- Strömungsberechnung,
- Partikeldynamik,
- Ermittlung des Mischgütemaßes.

Zunächst muß das Strömungsfeld in dem Mischapparat bekannt sein. Dafür bilden die kontinuumsmechanischen Erhaltungsgleichungen für Impuls und Masse in Verbindung mit einem adäquaten Stoffgesetz und den Strömungsrandbedingungen die theoretische Grundlage, um das Geschwindigkeitsfeld und das Druckfeld zu berechnen. In technisch relevanten Mischapparaten ist dies durchaus nichttrivial, da deren Geometrien in der Regel dreidimensional und äußerst komplex sind. So ist es i. allg. notwendig, numerische Methoden zur Bestimmung des Stromfelds anzuwenden. Aufgrund des großen Vorteils, im Berechnungsgebiet eine gleichmäßig gültige Näherungslösung zu liefern, werden in dieser Arbeit vor allem Finite-Elemente Verfahren verwendet. Die Kenntnis des Stromfelds allein reicht aber nicht zur Charakterisierung eines Mischprozesses aus.

Daher wird das Mischen in einem zweiten, anschließenden Schritt näher untersucht. In einer Lagrangschen Betrachtungsweise erfolgt dies auf der Basis der Dynamik von Partikeln. Diese kennzeichnen einerseits materielle Punkte des Kontinuums, anderseits aber auch hinreichend kleine Teile eines passiven Zusatzstoffes, welche der Fluidströmung überall und zu jeder Zeit genau folgen. Die Differentialgleichungen zur Berechnung der Bewegung von Partikeln längs der Bahnlinien kann als dynamisches, konservatives System interpretiert werden. Damit lassen sich vielfältige Methoden aus der Systemdynamik zur Analyse der Partikelbewegung anwenden. Insbesondere eignet sich die Poincaré-Abbildung hervorragend, um stabile periodische Partikelbahnen innerhalb eines Mischers zu identifizieren. Solche Bahnen sind im Poincaré-Schnitt dadurch gekennzeichnet, daß sie sich auf sich selbst abbilden. Im allgemeinen entstehen in der Umgebung der stabilen periodischen Punkte Gebiete, in denen quasiperiodische Bahnen verlaufen. Solche Bereiche sind für einen effizienten Mischvorgang äußerst schädlich, da dort das Fluidvolumen an einer großräumigen Verteilung nicht teilnimmt. Beobachtet man dagegen irreguläres, d.h. chaotisches Verhalten der Partikel, so kann ein gutes Mischergebnis erwartet werden. In diesem Falle divergieren nämlich zunächst benachbarte Partikel im Laufe der Zeit und bewirken dadurch eine globale Vermischung.

Im dritten Schritt wird ein Mischgütemaß auf der Basis der Deformation von fluiden Volumenelementen berechnet. Es beschreibt die Änderung eines anfänglich quaderförmigen Volumenelements im Laufe der Zeit. Das Mischgütemaß hängt von der anfänglichen örtlichen Lage des Elements und von der Zeit ab. Gute Mischergebnisse sind durch große Deformationen und damit durch hohe Werte des Mischgütemaßes gekennzeichnet. Mittels einer Verteilungsfunktion dieses Gütemaßes lassen sich die Mischeigenschaften unterschiedlicher Apparate quantitativ miteinander vergleichen und bewerten. Dies ist insbesondere bei solchen Apparaten von starkem Interesse, bei denen die Poincaré-Abbildung globales Chaos vorhersagt. Dann können anhand der Verteilungsfunktionen für die Deformationen Unterschiede im Mischverhalten prognostiziert werden.

Ein großer Vorteil der hybriden Untersuchungsmethoden zur Beurteilung des Mischverhaltens liegt darin, daß die Untersuchung zur Partikeldynamik und die Ermittlung des Mischgütemaßes nach der Strömungsberechnung durchgeführt werden können. Die dargestellte Reihenfolge dieser nachfolgenden Analysen ergibt sich aus dem Schwierigkeitsgrad bei der numerischen Berechnung. Während für die Bahnlinien im dreidimensionalen Stromfeld drei Differentialgleichungen simultan gelöst werden müssen, kommen zur Ermittlung des Deformationsmaßes weitere neun hinzu. Das führt dazu, daß oftmals, je nach Aufwand, schon die Zeit zur Berechnung einer großen Anzahl von Bahnlinien die erforderliche Zeit zur Strömungssimulation deutlich übersteigt. Für die Deformationsberechnungen kommt noch erschwerend hinzu, daß die dort maßgeblichen Differentialgleichungen inhärent instabil werden können und eine sehr genaue numerische Integrationstechnik erforderlich ist. Damit erhöht sich die notwendige Rechenzeit noch einmal erheblich.

Die behandelten Beispiele von Mischertypen stellen nur eine kleine Auswahl aus dem großen Ensemble von Apparaten für laminares Mischen dar. Zudem ist die *Praxisnähe* der numerisch untersuchten Mischer unterschiedlich. Die Modellbildung für die statischen Mischer, insbesondere des SMX-Mischers, und für die Doppelschneckenmaschinen ist für eine Vielzahl von Anwendungsfällen sehr realitätsnah. Dagegen ist das Beispiel für die Rührerkonfiguration stark vereinfacht, da einerseits die Reynoldszahlen dort klein gewählt wurden, anderseits keine Einbauten wie z.B. Stromstörer vorhanden sind und schließlich auch das Rührgerät recht einfach gestaltet ist (Scheibenrührer). Dafür werden dort aber komplizierte Stoffeigenschaften realistisch simuliert.

Die erzielten Ergebnisse erlauben es, ganz unterschiedliche Mischertypen bewertend miteinander zu vergleichen. Weiterhin zeigt es sich, daß das nichtnewtonsche Stoffverhalten der Flüssigkeit unter den hier untersuchten Bedingungen zwar einen großen Einfluß auf das Strömungsfeld hat, der Einfluß auf die Mischwirkung allerdings nur sehr gering ist.

Ein zukünftiger Anwendungsbereich der hier vorgestellten hybriden Untersuchungsmethoden ist einerseits die Optimierung der behandelten Apparategeometrien. Dies schließt sowohl ein mögliche Verbesserung des Mischergebnisses als auch die Optimierung bezüglich weiterer Verfahrensparameter (Druckverlust, Antriebsleistung) ein. Anderseits sind die laminaren Mischvorgänge in anderen verfahrenstechnisch relevanten Apparaten interessant. Doppelschneckenextruder mit Knetscheiben oder Rührbehälter mit komplexeren Rührorganen sind dafür prominente Beispiele.

Desweiteren sind auch experimentelle Untersuchungen zu den Mischvorgängen wünschenswert. Ein Ansatzpunkt wären hier sicherlich die Ergebnisse zur Partikeldynamik. So ließe sich beispielsweise die Ausbreitung eines Farbstoffes durch einen statischen Mischer auch im Experiment realisieren. Um allerdings einen direkten Vergleich zu den numerischen Berechnungen zu ermöglichen, müßte man den Farbstoff in den Querschnittsebenen nach den einzelnen Segmenten beobachten. Dies ist möglich, wenn sowohl der Mischer als auch das umschließende Rohr aus durchsichtigem Material (z.B. Plexiglas) gefertigt sind. Verwendet man eine ebenfalls durchsichtige Flüssigkeit (z.B. Silikonöl) und als kontinuierliche Markierungsflüssigkeit phosphoreszierende Teilchen, können durch einen Lichtschnitt die Markierungspartikel in den jeweiligen Querschnitten sichtbar gemacht werden.

Schwieriger zu realisieren sind Experimente zur Deformation materieller Volumenelemente. Denkbar wäre hier die Injektion eines angefärbten Flüssigkeitsvolumen mit bekannter Form in den Apparat und dessen Verfolgung im Laufe der Zeit. Da hier aber nicht nur die ebene Projektion, sondern die dreidimensionale Verformung des Fluidvolumens interessiert, müßte das Fluidvolumen beispielsweise mit mehreren Kameras aufgenommen werden und aus den Bildern in einem nachgeschalteten Schritt ein dreidimensionales Bild konstruiert werden.

Literaturverzeichnis

1. AREF, H.; NASCHIE, MSE. *Chaos applied to fluid mixing.* Elsevier Science Ltd, Oxford, 1995.
2. ARGYRIS, J.; FAUST, G.; HAASE, M. *Die Erforschung des Chaos.* Vieweg Verlag, Braunschweig, 1994.
3. ARNOL'D, V. *Small denominators II, proof of a theorem of A.N. Kolmogorov on the preservation of conditionally-periodic motions under a small perturbation of the Hamiltonian.* Russ. math. Surv. **18** (5) (1963): 9–36.
4. BAERNS, M.; HOFMANN, H.; RENKEN, A. *Chemische Reaktionstechnik.* Georg Thieme Verlag, Stuttgart, 1987.
5. BECKER, E.; BÜRGER, W. *Kontinuumsmechanik.* B. G. Teubner Verlag, Stuttgart, 1975.
6. BERTRAND, F.; THIBAULT, F.; TANGUY, PA. *Three dimensional modelling of the mixing of highly viscous polymers with intermeshing impellers.* AIChE Symp. Series **299** (1994): 106–116.
7. BETTEN, J. *Tensorrechnung für Ingenieure.* B. G. Teubner Verlag, Stuttgart, 1987.
8. BIGG, D.; MIDDLEMAN, S. *Mixing in a screw extruder. A model for residence time distribution and strain.* Ind. Eng. Chem., Fundam. **13** (1974): 66–71.
9. BIRD, RB.; ARMSTRONG, RA.; HASSAGER, O. *Dynamics of polymeric liquids. Vol. 1: Fluid mechanics.* J. Wiley & Sons, New York, 1987.
10. BÖHME, G. *Strömungsmechanik nichtnewtonscher Fluide.* 2. überar. und erw. Auflage, B. G. Teubner Verlag, Stuttgart, 2000.
11. BÖHME, G. *Theoretische Betrachtungen über schleichende Strömungen in Schneckenmaschinen.* Beitrag zur Festschrift für J. Siekmann, Essen, 1995.
12. BÖHME, G. *Über einige bemerkenswerte Eigenschaften schleichender Strömungsfelder in Schneckenmaschinen.* Z. angew. Math. Mech. **76** (S5) (1996): 55–56.
13. BÖHME, G.; WÜNSCH, O. *Analysis of shear-thinning fluid flow in intermeshing twin-screw extruders.* Arch. Appl. Mech. **67** (1997): 167–178.
14. BÖHME, G.; WÜNSCH, O. *Deterministisches Chaos als Ziel technischer Mischprozesse.* Uniforschung, Forschungsmagazin der UniBw Hamburg **8** (1998): 19–27.
15. BROCKHAUS-ENZYKLOPÄDIE. *Der grosse Brockhaus, Bd. 14, Mag. - Mod.* F.A. Brockhaus GmbH, Mannheim, 1991.
16. BROSZEIT, J. *Numerische Simulation stationärer Strömungen in Flüssigkeiten mit Gedächtnis.* Fortschr.-Ber. VDI Reihe 7 Nr. 271, VDI-Verlag, Düsseldorf, 1995.
17. BROSZEIT, J. *Finite-element simulation of circulating steady flow for fluids of the memory-integral type: flow in a single-screw extruder.* J. Non-Newt. Fluid Mech. **70** (1997): 35–58.

18. BRÜNEMANN, H.; JOHN, G. *Mischgüte und Druckverlust statischer Mischer mit verschiedenen Bauformen.* Chem.-Ing.-Techn. **43** (1971): 348–354.

19. BUEB, M; WALZEL, P. *Rohr-Wärmeaustauscher mit statischen Mischelementen für hochviskose Flüssigkeiten.* Chem.-Ing.-Tech. **56** (1984): 539–542.

20. BYRDE, O.; SAWLEY, ML. *Parallel computation and analysis of the flow in an static mixer.* Computer & Fluids **28** (1999): 1–18.

21. BYRDE, S.; SAWLEY, ML. *Parallel computation of flow in an in-line static mixer.* In: Computational Fluid Dynamics. (J.A. Desideri et al, eds) John Wiley & Sons Ltd., 1996: 802–807.

22. CHIEN, WL.; RISING, H.; OTTINO, JM. *Laminar mixing and chaotic mixing in several cavity flows.* J. Fluid Mech. **170** (1986): 355–377.

23. CHUDZIKIEWICZ, R. *Factors affecting the degree of granular materials.* Int. Chem. Engng **1** (Nr. 1) (1961): 124–131.

24. DANCKWERTS, P. *Continuous flow system – Distribution of residence times.* Chem. Eng. Sci. **2** (1953): 1–13.

25. DANCKWERTS, P. *The definition and measurement of some characteristics of mixtures.* Appl. Sci. Res. **A3** (1953): 279–296.

26. DENBIGH, K.; TURNER, J. *Chemical reactor theory: an introduction.* University Press, Cambridge, 1971.

27. DOLLING, E.; RAUTENBACH, R. *Ein invariantes Mischgütemaß für ein- und zweiphasige Zweikomponentensysteme.* Chem.-Ing.-Tech. **43** (Nr. 3) (1971): 123–128.

28. ECKMANN, J. *Roads to turbulence in dissipative dynamics systems.* Rev. Mod. Phys. **53** (1981): 643–654.

29. EITEL, O. *Distributives Mischen in der Schmelzezone eines Einschneckenextruders.* Fortschr.-Ber. VDI Reihe 3, Nr. 337, VDI-Verlag, Düsseldorf, 1993.

30. FEHLBERG, E. *Klassische Runge-Kutta-Formeln fünfter und siebenter Ordnung mit Schrittweitenkontrolle.* Computing 4 (1969): 93–106.

31. FERZIGER, JH.; PERIC, M. *Computational Methods for Fluid Dynamics.* Springer-Verlag, Berlin, 1996.

32. FRADETTE, L.; LI, HZ.; CHOPLIN, L.; TANGUY, P. *3D finite element simulation of fluid flow through a static SMX-mixer.* Computers Chem. Engng. **22** (Suppl.) (1998): S759–S761.

33. FUKUOKA, T.; MIN, K. *Numerical nonisothermal flow analysis of non-newtonian fluid in a nonintermeshing counter-rotating twin screw extruder.* Poly. Eng. Science **34** (1994): 1033–1046.

34. GIESEKUS, H. *Phänomenologische Rheologie.* Springer Verlag, Berlin Heidelberg, 1994.

35. GRIEBEL, L.; DORNSEIFER, T.; NEUNHOEFFER, T. *Numerische Simulation in der Strömungsmechanik.* Vieweg-Verlag, Braunschweig, 1995.

36. HALL, KR.; GODFREY, JC. *The mixing rates of highly viscous Newtonian and non-Newtonian fluids in a laboratory sigma-blade mixer.* Trans. Instn. Chem. Engrs. **37** (Nr. 2) (1968): 47–56.

37. HARNBY, N.; EDWARDS, MF.; NIENOW, AW. *Mixing in the process industries.* Butterworth & Co Ltd, London, 1985.

38. HENZEL, H. *Eignung von kontinuierlich durchströmten Mischern zum Homogenisieren.* Chem.-Ing.-Tech. **51** (1979): 1–8.

39. HERRMANN, H.; BURKHARDT, U. *Geschwindigkeits- und Schubspannungsverteilung in dicht kämmenden Gleichdrall- und Gegendrall-Doppelschnecken.* Kunststoffe **68** (1978): 753–758.

40. HOLD, P. *Das Mischen von Polymeren - ein Überblick.* Kunststoffe **34** (1981): 1027–1038.

41. HSU, CS.; YEE, HC.; CHENG, WH. *Determination of global regions of asymptotic stability for difference dynamical systems.* J. Appl. Mech. **44** (1977): 147–153.

42. JANA, SC.; METCALFE, G.; OTTINO, JM. *Experimental and computational studies of mixing in complex Stokes flow: the vortex mixing flow and multicellular cavity flow.* J. Fluid Mech. **269** (1994): 199–246.

43. KEMBLOWSKI, Z.; SEK, J. *Residence time distribution in a real single screw extruder.* Poly. Eng. Science **21** (1981): 1194–1202.

44. KOLMOGOROV, A. *On conservation of conditionally periodic motions under small perturbations of the Hamiltonian function.* Dokl. Akad. Sci. USSR **98** (4) (1954): 527–530.

45. KREUZER, E. *Numerische Untersuchung nichtlinearer dynamischer Systeme.* Springer Verlag, Berlin, 1987.

46. LANFORD, O. *Strange attractors and turbulence.* In: Hydrodynamic instabilities and the transition to turbulence (Swinney, H.L., Gollup, J.P., eds) Topics in applied physics **45** Springer Verlag, Berlin, 1981: 7–26.

47. LANGER, G.; WERNER, U. *Viskoelastische Effekte beim laminaren statischen Mischen.* Chem.-Ing.-Techn. **68** (1996): 283–287.

48. LAPPE, H. *Untersuchung zum Verweilzeit- und Längsmischverhalten von Schmelzeextrudern und konventionellen Plastifizierungsextrudern.* Dissertation, GH-Paderborn, Paderborn, 1985.

49. LEONG, CW.; OTTINO JM. *Experiments on mixing due to chaotic advection in a cavity.* J. Fluid Mech. **209** (1989): 463–499.

50. LEVENSPIEL, O. *Chemical Reactor Engineering.* John Wiley & Sons, New York, 1972.

51. LI, HZ.; FASOL, CH.; CHOPLIN, L. *Hydrodynamics and heat transfer of rheologically complex fluids in a sulzer SMX static mixer.* Chem. Eng. Science **51** (10) (1996): 1947–1955.

52. LI, T.; MANAS-ZLOCZOWER, I. *Flow field analysis of an intermeshing counterrotating twin screw extruder.* Poly. Eng. Science **34** (1994): 551–557.

53. LIDOR, G.; TADMOR, Z. *Theoretical analysis of residence time distribution functions and strain distribution functions in plasticating screw extruders.* Poly. Eng. Science **16** (1976): 450–462.

54. LING, F. *Chaotic mixing in a spatially periodic continous mixer.* Phys. Fluids **A5** (9) (1993): 2147–2160.

55. LING, FH.; ZHANG, X. *Mixing of a generalized Newtonian fluid in a cavity.* J. Fluids Engin. **117** (1995): 75–80.

56. LING, FH.; ZHANG, X. *A numerical study on mixing in the Kenics static mixer.* Chem. Eng. Comm. **136** (1995): 119–141.

57. LORENZ, E. *Deterministic non-periodic flow.* J. Atmos. Sci. **20** (1963): 130–141.

58. MARTIN, G. *Einfärben von Kunststoffen, Teil III.* Kunststofftechnik **11** (1972): 329.

59. MOSER, J. *Convergent series expansions of quasi-periodic motions.* Math. Ann. **169** (1967): 136–176.

60. OBERLEHNER, J.; CASSAGNAU, P.; MICHEL, A. *Local residence time distribution in a twin screw extruder.* Chem. Eng. Science **49** (1994): 3897–3907.

61. OERTEL JR., H.; LAURIEN, E. *Numerische Strömungsmechanik.* Springer-Verlag, Berlin, 1995.

62. OTTINO, J. *The kinematics of mixing: stretching, chaos, and transport.* Cambridge University Press, Cambridge, 1989.

63. OTTINO, J. *Mischen zäher Flüssigkeiten.* Chaos und Fraktale (Spektrum der Wissenschaft: Verständliche Forschung) (1989): 52–61.

64. PAHL, M. *Dispersives Mischen mit dynamischen Mischern.* aus: Praktische Rheologie der Kunststoffe, VDI-Verlag, Düsseldorf, 1978.

65. PAHL, M. *Mischen beim Herstellen und Verarbeiten von Kunststoffen.* VDI-Verlag, Düsseldorf, 1986.

66. PAHL, M. *Mischen in Schneckenmaschinen, Teil 1: Homogenisieren.* Chem.-Ing.-Tech. **57** (1985): 421–430.

67. PAHL, M. *Mischen in Schneckenmaschinen, Teil 2:Suspendieren, Desagglomerieren und Emulgieren.* Chem.-Ing.-Tech. **57** (1985): 506–510.

68. PAHL, M; MUSCHELKNAUTZ, E. *Einsatz und Auslegung statischer Mischer.* Chem.-Ing.-Tech. **51** (1979): 347–364.

69. PAHL, M; MUSCHELKNAUTZ, E. *Statischer Mischer und ihre Anwendung.* Chem.-Ing.-Tech. **52** (1980): 285–291.

70. PAHL, M; SOMMER, K.; STREIFF, F.; LIMPER.A. *Dynamische Mischer für hochviskose Medien und hochkonzentrierte Dispersionen.* aus: Mischen von Kunststoff- und Kautschukproduktionen, VDI-Verlag, Düsseldorf, 1990.

71. PAWLOWSKI, J. *Transportvorgänge in Einwellen-Schnecken: Förder-, Homogenisier- und Wärmeaustausch-Verhalten.* Salle und Sauerländer, Frankfurt a. M., 1990.

72. PINTO, G.; TADMOR, Z. *Mixing and residence time distribution in a melt screw extruders.* Poly. Eng. Science **10** (1970): 279–288.

73. POLTERSDORF, B.; BERGMANN, I. *Analyse der Modellentwicklungen für Doppelschneckenextruder.* Plaste und Kautschuk **28** (1981): 516–520.

74. POTENTE, H. *Zum Mischen rheologisch inhomogener Stoffsysteme auf Einschneckenmaschinen.* Rheo. Acta **27** (1988): 410–417.

75. POTENTE, H.; FLECKE, M.; BLACH, M.; VORBERG, F. *Mischelemente in neuen Geometrien.* Kunststoffe **88** (1998): 494.

76. ROBICHAUD, MP.; TANGUY, PA.; FORTIN, M. *An iterative implementation of the Uzawa algorithm for 3-D fluid flow problems.* Int. J. Numer. Methods Fluids **10** (1990): 429–442.

77. RUBART, L. *Ein Mehrgitterverfahren für gemischte Finite-Elemente-Systeme mit Anwendungen auf nicht-newtonsche Strömungsprobleme.* Verlag an der Lottbek, Amersbek, 1992.

78. RUBART, L.; BÖHME, G. *Numerical simulation of shear-thinning flow problems in mixing vessels.* Theoret. Comput. Fluid Dynamics **3** (1991): 95–115.

79. SASTROHARTONO, T.; JALURIA, Y.; KARWE, MV. *Numerical coupling of multiple-region simulations to study transport in a twin-screw extruder.* Num. Heat Transfer **25** (Part A) (1994): 541–557.

80. SCHÄFER, M. *Numerik im Maschinenbau.* Springer-Verlag, Berlin, 1999.

81. SCHÖNUNG, B. *Numerische Strömungsmechanik.* Springer-Verlag, Berlin, 1990.

82. SCHUSTER, H. *Deterministic Chaos.* VCH Verlagsgesellschaft mbH, Weinheim, 1995.

83. SCHÜTZ, G.; GROSZ-RÖLL, F. *Ausnutzen rheologischer Phänomene bei statischen Mischern.* aus: Praktische Rheologie der Kunststoffe, VDI-Verlag, Düsseldorf, 1978.

84. STASIEK, J. *Einfluß der Schneckengeometrie und der Extrusionsbedingungen auf den Verlauf der Plastifizierung von PVC im Doppelschneckenextruder.* Plaste und Kautschuk **41** (1994): 185–190.

85. STOER, J; BURLISCH, R. *Numerische Mathematik II.* Springer Verlag, Berlin Heidelberg, 1991.

86. STUART, J. *On finite amplitude oscillation in laminar mixing layer.* J. Fluid Mech. **29** (1967): 417–440.

87. SWANSON, P; OTTINO, J. *A comperative computational and experimental study of chaotic mixing of viscous fluids.* J. Fluid Mech. **213** (1990): 227–240.

88. TADMOR, Z; GOGOS CG. *Principles of polymer processing.* John Wiley & Sons, New York, 1979.

89. TANGUY, PA.; LACROIX, R.; BERTRAND, F.; CHOPLIN, L.; FUENTE, E. *Finite element analysis of viscous mixing with a helical ribbon-screw impeller.* AIChE Journal **38** (1992): 939–944.

90. TENGE, S. *Dissipation und Wärmeübergang in der Meteringzone eines gleichläufigen Doppelschneckenextruders.* Fortschr.-Ber. VDI Reihe 3, Nr. 520, VDI-Verlag, Düsseldorf, 1998.

91. THIELE, H.; SCHNEIDER, W. *Mischgüte.* aus: Mischen von Kunststoffen,VDI-Verlag, Düsseldorf, 1983.

92. VDI-KUNSTSTOFFTECHNIK. *Der Doppelschneckenextruder: Grundlagen- und Anwendungsgebiete.* VDI-Verlag, Düsseldorf, 1995.

93. VILLERMAUX, J. *Trajectory length distribution (TLD), a novel concept to characterize mixing in flow systems.* Chemical engineering science **51** (10) (1996): 1939–1946.

94. WAGNER, M. *Zur Netzwerktheorie von Polymer-Schmelzen.* Rheo. Acta **18** (1979): 33–50.

95. WAGNER, K.; MÜLLER, R.; LENZ, R.; JOACHIM, W.; GAEDIKE, H. *Radioaktive Untersuchungen von Mischvorgängen bei der Herstellung technischer Kohleprodukte.* Technik **22** (Nr. 2) (1967): 77–80.

96. WENDT, JF. (EDITOR). *Computational Fluid Dynamics: An Introduction.* Springer-Verlag, Berlin, 1992.

97. WESTERTERP, K.; VAN SWAAIJ, W.; BEENACKERS, A. *Chemical Reactor: Design and Operation.* John Wiley & Sons, Chichester, 1984.

98. WILKE, HP.; WEBER, C.; FRIES, T. *Rührtechnik. Verfahrenstechnische und apparative Grundlagen.* Wiley-VCH, Weinheim, 1991.

99. WOERING, A.; GORISSEN, W. *Computing the mixing properties of a two-dimensional cavity transfer mixer using a boundary element formulation.* In: Computational Fluid Dynamics. (J.A. Desideri et al, eds) John Wiley & Sons Ltd., 1996: 333–338.

100. WOLF, D.; HOLIN, N.; WHITE, DH. *Residence time distribution in a commercial twin-screw extruder.* Poly. Eng. Science **26** (1986): 640–646.

101. WOLF, D.; WHITE, DH. *Experimental study of the residence time distribution in plasticating screw extruder.* AIChE J **22** (1976): 122–131.

102. WÜNSCH, O. *Laminares Mischen in verfahrenstechnischen Apparaten.* Z. Angew. Math. Mech. **78** (Suppl.2) (1998): 821–824.

103. WÜNSCH, O. *Simulation of mixing of viscoelastic fluids in vessels.* In: Progress and Trends in Rheology V. Proceedings of the Fifth European Rheology Conference (I. Emri, R. Cvelbar, eds.), Steinkopff, Darmstadt, 1998: 175–176.

104. WÜNSCH, O. *Simulation von Mischvorgängen in Schneckenmaschinen.* Technische Mechanik **18** (1998): 1–10.

105. WÜNSCH, O; BÖHME, G. *Numerical simulation of 3d viscous fluid flow and convective mixing in a static mixer.* Arch. Appl. Mech. **70** (2000): 91–102.

106. WÜNSCH, O.; BROSZEIT, J. *Untersuchungen der Strömung einer viskoelastischen Flüssigkeit in einem Schneckenextruder.* Z. angew. Math. Mech. (1995): 555–556.

107. YASUDA, K.; ARMSTRONG, RC.; COHEN, RE. *Shear flow properties of concentrated solutions of linear and star brunched polystyrenes.* Rheo. Acta **20** (1981): 163–178.

108. ZOGG, M. *Einführung in die Mechanische Verfahrenstechnik.* B.G. Teubner, Stuttgart, 1991.

Anhang: Wichtige Tensoren in speziellen Koordinaten

Deformationsgradiententensor

Kartesische Koordinaten $x = x(x_0, y_0, z_0, t_0)$, $y = y(x_0, y_0, z_0, t_0)$,
$z = z(x_0, y_0, z_0, t_0)$:

$$\mathbf{F} = \begin{pmatrix} \dfrac{\partial x}{\partial x_0} & \dfrac{\partial x}{\partial y_0} & \dfrac{\partial x}{\partial z_0} \\[2mm] \dfrac{\partial y}{\partial x_0} & \dfrac{\partial y}{\partial y_0} & \dfrac{\partial y}{\partial z_0} \\[2mm] \dfrac{\partial z}{\partial x_0} & \dfrac{\partial z}{\partial z_0} & \dfrac{\partial z}{\partial z_0} \end{pmatrix} .$$

Zylinderkoordinatensystem $r = r(r_0, \varphi_0, z_0, t_0)$, $\varphi = \varphi(r_0, \varphi_0, z_0, t_0)$,
$z = z(r_0, \varphi_0, z_0, t_0)$:

$$\mathbf{F} = \begin{pmatrix} \dfrac{\partial r}{\partial r_0} & \dfrac{1}{r_0}\dfrac{\partial r}{\partial \varphi_0} & \dfrac{\partial r}{\partial z_0} \\[2mm] r\dfrac{\partial \varphi}{\partial r_0} & \dfrac{r}{r_0}\dfrac{\partial \varphi}{\partial \varphi_0} & r\dfrac{\partial \varphi}{\partial z_0} \\[2mm] \dfrac{\partial z}{\partial r_0} & \dfrac{1}{r_0}\dfrac{\partial z}{\partial \varphi_0} & \dfrac{\partial z}{\partial z_0} \end{pmatrix} .$$

Kugelkoordinatensystem $R = R(R_0, \theta_0, \varphi_0, t_0)$, $\theta = \theta(R_0, \theta_0, \varphi_0, t_0)$,
$\varphi = \varphi(R_0, \theta_0, \varphi_0, t_0)$:

$$\mathbf{F} = \begin{pmatrix} \dfrac{\partial R}{\partial R_0} & \dfrac{1}{R_0}\dfrac{\partial R}{\partial \theta_0} & \dfrac{1}{R_0 \sin\theta_0}\dfrac{\partial R}{\partial \varphi_0} \\[2mm] R\dfrac{\partial \theta}{\partial R_0} & \dfrac{R}{R_0}\dfrac{\partial \theta}{\partial \theta_0} & \dfrac{R}{R_0 \sin\theta_0}\dfrac{\partial \theta}{\partial \varphi_0} \\[2mm] R\sin\theta\dfrac{\partial \varphi}{\partial R_0} & \dfrac{R\sin\theta}{R_0}\dfrac{\partial \varphi}{\partial \theta_0} & \dfrac{R\sin\theta}{R_0 \sin\theta_0}\dfrac{\partial \varphi}{\partial \varphi_0} \end{pmatrix} .$$

Rechts-Cauchy-Green-Tensor

Kartesische Koordinaten $x = x(x_0, y_0, z_0, t_0)$, $y = y(x_0, y_0, z_0, t_0)$, $z = z(x_0, y_0, z_0, t_0)$:

$$C_{xx} = \left(\frac{\partial x}{\partial x_0}\right)^2 + \left(\frac{\partial y}{\partial x_0}\right)^2 + \left(\frac{\partial z}{\partial x_0}\right)^2$$

$$C_{yy} = \left(\frac{\partial x}{\partial y_0}\right)^2 + \left(\frac{\partial y}{\partial y_0}\right)^2 + \left(\frac{\partial z}{\partial y_0}\right)^2$$

$$C_{zz} = \left(\frac{\partial x}{\partial z_0}\right)^2 + \left(\frac{\partial y}{\partial z_0}\right)^2 + \left(\frac{\partial z}{\partial z_0}\right)^2$$

$$C_{xy} = C_{yx} = \left(\frac{\partial x}{\partial x_0}\right)\left(\frac{\partial x}{\partial y_0}\right) + \left(\frac{\partial y}{\partial x_0}\right)\left(\frac{\partial y}{\partial y_0}\right) + \left(\frac{\partial z}{\partial x_0}\right)\left(\frac{\partial z}{\partial y_0}\right)$$

$$C_{yz} = C_{zy} = \left(\frac{\partial x}{\partial y_0}\right)\left(\frac{\partial x}{\partial z_0}\right) + \left(\frac{\partial y}{\partial y_0}\right)\left(\frac{\partial y}{\partial z_0}\right) + \left(\frac{\partial z}{\partial y_0}\right)\left(\frac{\partial z}{\partial z_0}\right)$$

$$C_{zr} = C_{rz} = \left(\frac{\partial x}{\partial x_0}\right)\left(\frac{\partial x}{\partial z_0}\right) + \left(\frac{\partial y}{\partial x_0}\right)\left(\frac{\partial y}{\partial z_0}\right) + \left(\frac{\partial z}{\partial x_0}\right)\left(\frac{\partial z}{\partial z_0}\right)$$

Zylinderkoordinatensystem $r = r(r_0, \varphi_0, z_0, t_0)$, $\varphi = \varphi(r_0, \varphi_0, z_0, t_0)$, $z = z(r_0, \varphi_0, z_0, t_0)$:

$$C_{rr} = \left(\frac{\partial r}{\partial r_0}\right)^2 + \left(r\frac{\partial \varphi}{\partial r_0}\right)^2 + \left(\frac{\partial z}{\partial r_0}\right)^2$$

$$C_{\varphi\varphi} = \frac{1}{r_0^2}\left[\left(\frac{\partial r}{\partial \varphi_0}\right)^2 + \left(r\frac{\partial \varphi}{\partial \varphi_0}\right)^2 + \left(\frac{\partial z}{\partial \varphi_0}\right)^2\right]$$

$$C_{zz} = \left(\frac{\partial r}{\partial z_0}\right)^2 + \left(r\frac{\partial \varphi}{\partial z_0}\right)^2 + \left(\frac{\partial z}{\partial z_0}\right)^2$$

$$C_{r\varphi} = C_{\varphi r} = \frac{1}{r_0}\left[\left(\frac{\partial r}{\partial r_0}\right)\left(\frac{\partial r}{\partial \varphi_0}\right) + r^2\left(\frac{\partial \varphi}{\partial r_0}\right)\left(\frac{\partial \varphi}{\partial \varphi_0}\right) + \left(\frac{\partial z}{\partial r_0}\right)\left(\frac{\partial z}{\partial \varphi_0}\right)\right]$$

$$C_{\varphi z} = C_{z\varphi} = \frac{1}{r_0}\left[\left(\frac{\partial r}{\partial \varphi_0}\right)\left(\frac{\partial r}{\partial z_0}\right) + r^2\left(\frac{\partial \varphi}{\partial \varphi_0}\right)\left(\frac{\partial \varphi}{\partial z_0}\right) + \left(\frac{\partial z}{\partial \varphi_0}\right)\left(\frac{\partial z}{\partial z_0}\right)\right]$$

$$C_{zr} = C_{rz} = \left(\frac{\partial r}{\partial r_0}\right)\left(\frac{\partial r}{\partial z_0}\right) + r^2\left(\frac{\partial \varphi}{\partial r_0}\right)\left(\frac{\partial \varphi}{\partial z_0}\right) + \left(\frac{\partial z}{\partial r_0}\right)\left(\frac{\partial z}{\partial z_0}\right)$$

Kugelkoordinatensystem $R = R(R_0, \theta_0, \varphi_0, t_0)$, $\theta = \theta(R_0, \theta_0, \varphi_0, t_0)$, $\varphi = \varphi(R_0, \theta_0, \varphi_0, t_0)$:

$$C_{RR} = \left(\frac{\partial R}{\partial R_0}\right)^2 + \left(R\frac{\partial \theta}{\partial R_0}\right)^2 + \left(R\sin\theta\frac{\partial \varphi}{\partial R_0}\right)^2$$

$$C_{\theta\theta} = \frac{1}{R_0^2}\left[\left(\frac{\partial R}{\partial \theta_0}\right)^2 + \left(R\frac{\partial \theta}{\partial \theta_0}\right)^2 + \left(R\sin\theta\frac{\partial \varphi}{\partial \theta_0}\right)^2\right]$$

$$C_{\varphi\varphi} = \frac{1}{(R_0\sin\theta_0)^2}\left[\left(\frac{\partial R}{\partial \varphi_0}\right)^2 + \left(R\frac{\partial \varphi}{\partial \varphi_0}\right)^2 + \left(R\sin\theta\frac{\partial \varphi}{\partial \varphi_0}\right)^2\right]$$

$$C_{R\theta} = C_{\theta R} = \frac{1}{R_0}\left[\left(\frac{\partial R}{\partial R_0}\right)\left(\frac{\partial R}{\partial \theta_0}\right) + R^2\left(\frac{\partial \theta}{\partial R_0}\right)\left(\frac{\partial \theta}{\partial \theta_0}\right)\right.$$
$$\left. + (R\sin\theta)^2\left(\frac{\partial \varphi}{\partial R_0}\right)\left(\frac{\partial \varphi}{\partial \varphi_0}\right)\right]$$

$$C_{\theta\varphi} = C_{\varphi\theta} = \frac{1}{R_0^2\sin\theta_0}\left[\left(\frac{\partial R}{\partial \theta_0}\right)\left(\frac{\partial R}{\partial \varphi_0}\right) + R^2\left(\frac{\partial \theta}{\partial \theta_0}\right)\left(\frac{\partial \theta}{\partial \varphi_0}\right)\right.$$
$$\left. + (R\sin\theta)^2\left(\frac{\partial \varphi}{\partial \theta_0}\right)\left(\frac{\partial \varphi}{\partial \varphi_0}\right)\right]$$

$$C_{\varphi R} = C_{R\varphi} = \frac{1}{R_0\sin\theta_0}\left[\left(\frac{\partial R}{\partial R_0}\right)\left(\frac{\partial R}{\partial \varphi_0}\right) + R^2\left(\frac{\partial \theta}{\partial R_0}\right)\left(\frac{\partial \theta}{\partial \varphi_0}\right)\right.$$
$$\left. + (R\sin\theta)^2\left(\frac{\partial \varphi}{\partial R_0}\right)\left(\frac{\partial \varphi}{\partial \varphi_0}\right)\right]$$

Sachverzeichnis